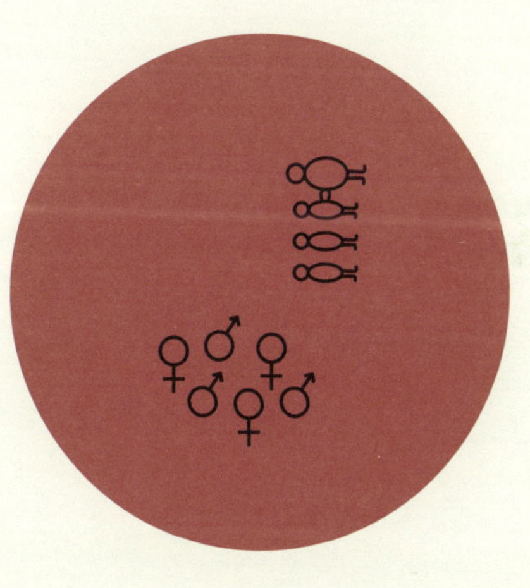

WHY IS SEX FUN
섹스의 진화

WHY IS SEX FUN

섹스의 진화

—

제러드 다이아몬드가 들려주는 성(性)의 비밀

제러드 다이아몬드

임지원 옮김

나의 친구이고, 동반자이고,

연인이며, 아내인 메리에게

이 책을 바친다

천의 얼굴을
가진
섹스

성(性, sex)은 너무나 다양한 얼굴을 가지고 있다.

한 인간을 창조해 내는 어마어마하고 신비스러운 절차이며, 낭만적 사랑의 궁극적 완성점이기도 하고, 사회의 최소 구성 단위인 가정을 형성하고 유지시켜 주는 중요한 접착제 역할을 하기도 한다. 한편 성은 유희의 도구이기도 하고, 권력의 수단으로 쓰일 때도 있고 남용과 착취와 거래의 대상이 되기도 한다.

이와 같이 복잡하고 다사다난한 측면을 지닌 성의 본질을 파악하기 위해서 뛰어난 과학 저술가이자 진화생물학자인 제러드 다이아몬드는 다른 동물들에게서 찾아볼 수 없는 인간만의 독특한 성적 습성을 하나씩 열거해 가면서 그러한 특성이 진화하게 된 원인을 추적해 나간다.

　그렇다면 인간의 독특한 성적 습성에는 어떤 것들이 있을까? 인간의 여성은 다른 종의 암컷들과 달리 배란 여부를 알 수 없으며 그 결과 어느 때이고 섹스를 할 수 있다. 인간에게 섹스는 단순한 생식 기능을 넘어서 쾌락을 얻고 관계를 강화시키는 수단이지만 한편으로 한 쌍의 남녀는 남의 눈을 피해 은밀하게 관계를 가진다. 대부분의 경우 인간 남녀는 일부일처제적 관계를 맺고 태어난 아이의 육아에 공동으로 기여한다. 그러나 일부일처제적 관계를 맺는 다른 동물들과 달리 짝을 이룬 한 쌍은 다른 남녀로 구성된 사회 속에서 다른 이들과 경제적으로 협동하고 의존하며 살아간다. 인간 여성에게 일어나는 폐경은 매우 역설적이고도 중대한 의미를 갖는다. 여성과 남성 모두 독특한 성적 신호를 갖도록 진화되었다.

　언뜻 보기에는 너무나 당연하게 보이는 이러한 특징이 실로 독특하고 특별한 것임을 일깨우기 위해서 저자는 인간의 각 특징과 대조를 이루는 수많은 동물들의 사례를 파노라마처럼 펼쳐 놓았다. 그 결과 우리는 이 책을 통해서 참으로 다양하고 놀라운 동물들의 성생활을 엿볼 수 있다. 또한 제각기 다른 특징들이 제각기 다른 조합을 이뤄 한층 더 복잡하고 다양해지는 동물들의 성의 세계에서 어떤 질서를 찾아내고 논리를 도출해 내는 과학자들의 연구도 매우 흥미진진하다. 우리가 너무나 당연시해 왔던 일들에 문제를 제기하고 그 문제 이면에 있는 생물학적 진실을 들춰내는 과학자들의 연구를 저자는 정확하게 전달해 준다.

다이아몬드는 위에 제시한 인간만의 독특한 성적 습성들이 인간을 다른 동물들과 구분시켜 주는 고유의 특성들을 만들어 내는 데 있어서 직립 보행이나 커다란 뇌만큼이나 중요한 기여를 해 왔다고 주장한다. 우리의 고도로 발달된 문화와 언어와 기술을 발전시키는 데 성이 결정적으로 중요한 영향을 주었다는 것이다. 우리가 술자리 안주거리로 삼는 성적 행동들 속에 인류 문명의 기초 중 하나가 숨겨져 있다는 것이다.

인간이라는 가장 정교하고, 복잡하고, 지적인 생명체가 스스로 생존하고 삶을 꾸려 나가고 후손을 남길 수 있는 정도로 성장하기까지 다른 동물에게서 찾아볼 수 없을 정도로 독특한 발달 과정이 필수적이다. 이를테면 인간의 커다란 두뇌는 출산이라는 과정 자체를 어렵게 만들어 산모가 혼자서 아이를 낳을 수 없게 만든다. 아이를 기르는 일 역시 간단치 않다. 무력하고 의존적인 상태로 태어나는 인간의 아기가 신체적으로, 사회적으로 성숙해 나가기까지 상당한 정도의 보살핌과 교육이 필수적이고 그것은 부모 중 어느 한쪽이 홀로 도맡아 수행하기에 벅찬 일이다. 그렇기 때문에 부모가 공동으로 육아의 책임을 지는 가정이라는 인류 사회의 기본적 단위가 자연스럽게 성립되었고 인간의 각종 성적 특성들은 여기에 맞추어 특별하게 진화되었던 것이다. 인간 여성의 폐경 역시 성숙하는 데 많은 시간과 도움을 필요로 하는 인간 발달의 특성과 밀접하게 관련되어 있다. 성이라는 주제는 우리로 하여금 다시 한 번 인간이라는 존재의 경이로움에 대해 감탄하게 만든다.

또한 제러드 다이아몬드는 진화적 맥락에서 성역할과 성 갈등이라는 주제에 대해서도 흥미롭게 풀어놓고 있다. 수유에 관한 한 양성 모두 생리적으로 충분한 잠재력을 지녔음에도 왜 오직 엄마만 아이에게 젖을 주도록 진화되었을까? 저자는 그 이유를 남성과 여성이 수정과 출산에 이르기까지 아이에게 투자한 정도가 다르고, 남성과 여성이 번식을 통해 유전적 이득을 얻는 방식과 기회가 다르고, 친자 여부에 대한 확신을 남성과 여성이 다르게 갖기 때문에 자연선택이 남성은 수유하지 않는 쪽으로 이루어졌다고 설명한다. 저자는 남성의 수유 이야기에서 되도록 많은 후손을 남겨 자신의 유전자를 널리 퍼뜨리기를 바라는 수컷과 암컷 혹은 남성과 여성이 서로에게 동시에 양육 책임을 떠넘기기 위해 담력 게임을 벌이고 있다는 이야기로 확장시켜 나간다. 대부분의 포유류 종에 있어서 수유 혹은 양육 책임을 암컷이 떠맡는 이유는 생물학적으로 양성 간의 담력 게임에서 불리한(?) 위치에 놓여 있기 때문이라는 것이다. 포유류 암컷 혹은 여성은 자식을 낳거나 키우는 일에 너무 많은 투자를 했기 때문에 수유나 양육을 쉽게 팽개칠 수 없는 것이다!

낭만적 사랑이라든지 숭고한 모성의 뿌리에 있는 생물학적 진실이 생각했던 것보다 당혹스럽고 실망스러운 것일지도 모른다. 하지만 우리 인간은 다른 동물에 비해서 생물학적 조건으로부터 훨씬 자유로우며 개인 수준에서든 사회 수준에서든 다양한 삶의 가능성을 시험하고 실현할 수 있는 동물이다.

저자를 비롯한 많은 과학자들이 수렵·채집 시대 인류의 조상들이 살았던 전통적 삶의 방식을 고수하고 있는 종족들을 대상으로 성역할에 대해 연구했다. 그 종족들의 경우 가정 경제나 육아에 있어서 남성의 기여도는 정자를 제공하고 떠나 버리는 다른 종의 수컷보다 크게 나을 것이 없는 상태였다. 그런데 이러한 종족과 이러한 형태의 성역할은 사회적인 "선택"을 받지 못해 지구상에서 거의 사라져 가고 있다. 이것은 생물학적 조건만큼이나 사회 문화적 조건이 인간의 삶에 커다란 영향을 미친다는 증거가 아닐까?

자, 그런데 이제 우리는 이처럼 생물학적 조건을 뛰어넘어 삶을 의식적으로 가꾸어 나갈 수 있는 존재가 된 가장 중요한 원인 중 하나가 다름 아닌 인간의 특별한 성적 습성이라는 점을 기억해야 할 것이다!

임지원

섹스는 언제나 우리를 매혹시킨다

섹스(sex)는 언제나 우리를 사로잡는 주제이다. 우리의 가장 강렬한 쾌락의 원천이면서 때때로 불행의 원인이 되는 것이 바로 섹스이다. 그 불행은 많은 경우에 있어서 진화 과정에서 형성된 여성역할과 남성역할이 충돌하는 데에서 일어난다.

이 책을 통해서 우리는 인간의 성적 습성(sexuality)이 어떻게 지금과 같은 모습으로 형성되게 되었는지에 대하여 생각해 보고자 한다. 우리 대부분은 인간의 성적 관행이 다른 동물들과 비교할 때 얼마나 특이한지 깨닫지 못하고 있다. 유인원과 비슷하게 생긴, 인간의 가장 가까운 조상의 경우만 해도 지금의 우리와 매우 다른 형태의 성생활을 영위했을 것이라고 과학자들은 추측한다.

이처럼 우리의 성적 습성에 변화가 일어난 것은 어떤 뚜렷한 진화상의 힘이 우리 조상에게 작용했기 때문일 것이다. 그렇다면 그 힘은 대체 무엇일까? 그리고 우리가 어떤 면에서 그토록 색다르다는 것일까?

인간의 성적 특성이 어떻게 진화되어 왔는지를 이해하는 것은 그 자체로 흥미로울 뿐만 아니라 인간의 다른 독특한 특징, 즉 우리의 문화, 언어, 부모와 자식 사이의 관계, 복잡한 연장을 사용하는 기술 등을 이해하기 위해서도 꼭 필요한 작업이다. 인류학자들은 대개 이러한 특징의 진화가 이루어진 원인으로 인간의 커다란 뇌와 직립 자세를 꼽지만 나는 특이한 성적 습성 역시 그만큼 중요한 원인이라고 생각한다.

내가 앞으로 논의하고자 하는 인간의 성적 습성의 특이한 측면들은 여성의 폐경, 인간 사회에서 남성의 역할, 남의 눈을 피해 사랑을 나누는 점, 많은 경우에 생식보다 쾌락을 위해 섹스를 한다는 점, 수유를 시작하기 전부터 여성의 유방이 커진다는 점 등이다. 보통 사람들이 보기에 이러한 특징들은 너무나 자연스러워서 특별한 설명이 필요하다고 생각되지 않을 것이다. 그러나 곰곰이 생각해 보면 이러한 특징들은 놀랄 만큼 설명하기 어렵다. 나는 또한 남성 성기의 기능과 왜 남성이 아닌 여성이 아이를 돌보게 되었는지에 대해서도 논의할 것이다. 이 두 가지 질문에 대한 대답은 너무나 명백한 것처럼 보일지도 모른다. 그러나 심지어 이러한 질문들 속에도 우리를 당혹하게 만드는 풀리지 않은 문제들이 숨어 있다.

여러분은 이 책을 통해서 성행위를 더욱 즐겁게 만들어 줄 새로운 체위를 배울 수도 없고 월경이나 폐경의 고통을 감소시키는 정보를 얻을 수도 없을 것이다. 이 책은 또한 여러분의 배우자가 외도를 한다거나, 아이 돌보기를 태만히 한다거나, 아이 때문에 당신 존재를 무시하는 데서 여러분이 느끼는 고통을 줄여 주지도 못할 것이다. 그러나 왜 여러분의 몸이 그러한 느낌을 갖게 되는 것인지, 그리고 왜 여러분이 사랑하는 사람들이 그러한 행동을 하는 것인지에 대해 좀 더 깊이 이해할 수 있도록 도울 것이다. 그리고 아마도 여러분이 자기 파괴적인 성적 행동에 이끌리는지를 이해하게 된다면 여러분의 본능으로부터 거리를 두고 그 문제를 좀 더 지성적인 방법으로 다루도록 도울 수 있을 것이다.

일부 장에 나오는 내용은 《디스커버(*Discover*)》나 《자연사 (*Natural History*)》 등의 잡지에 실린 기사를 바탕으로 하고 있다. 이 책에서 다루고 있는 많은 논의와 견해를 제공한 나의 동료 과학자들에게 기쁜 마음으로 감사를 표하고 싶다. 또한 원고 전체를 꼼꼼하게 교정해 준 로저 쇼트(Roger Short)와 낸시 웨인(Nancy Wayne)에게 감사드린다. 삽화를 그려 준 엘렌 모데키(Ellen Modeki)에게도 감사의 말을 전한다. 마지막으로 이 책을 쓰도록 권유한 존 브록만(John Brockman)에게 감사한다.

제러드 다이아몬드

WHY IS SEX FUN
섹스의 진화

만일 여러분이 키우는 개가 여러분과 같은 두뇌를 가지고 있으며 말을 할 줄 안다면, 그리고 여러분이 개에게 인간의 성생활에 대해 어떻게 생각하느냐고 묻는다면 여러분은 아마 그 대답에 놀라게 될 것이다. 개는 아마도 이런 대답을 들려 주지 않을까?

저 구역질 나는 인간들은 한 달 중 아무 때고 섹스를 하더군. 바바라는 말이지 자기가 뻔히 임신할 수 없는 상태인 것을 알고도, 그러니까 말이야, 생리 직후 같은 때에도 남편을 슬그머니 꼬이더라고. 존은 어떻고. 허구한 날 시도 때도 없이 달려들어요. 자기가 용을 쓰는 게 애를 만들려고 그러는 건지 헛짓거리를 하는 건지는 전혀 관심 밖이야. 그런데 진짜 황당한 얘기해 줄까? 저 부부는 말이지, 심지어 마누라가 임신을 하고 있을 때에도 줄곧 그 짓을 하더군. 아, 더 끔찍한 얘기도 있어. 저번에는 존의 부모가 놀러왔는데, 세상에, 그 노인네들조차 섹스를 하지 뭔가? 존의 어머니는 그 폐경인가 뭔가 하는 걸 겪은 지도 벌써 몇 년이 되었다고. 이제 아이를 가질 수가 없는 게 명명백백한데 계속 섹스를 하려고 든다니까! 대체 뭐하는 짓들인지 모르겠어. 그런데 진짜 이상한 건 바로 이거야. 바바라와 존도 그렇고 존의 부모도 그렇고 다들 문을 닫아걸고 아무도 모르게 섹스를 하지 뭔가. 마치 무슨 죄라도 짓는 것처럼 말이야. 우리 같으면, 자존감을 지닌 개라면 누구든 떳떳하게 친구들이 보는 앞에서 관계를 가질 텐데 말이야.

개의 입장을 이해하려면 여러분은 정상적인 성 행동이 어떤 것인지에 대한 인간 중심적 관점을 벗어던져야 할 것이다. 오늘날 우리 사회에서는 자신의 기준에 맞지 않는 이들을 깔보고 무시하는 것을 편협하고 편견에 찬 비열한 행동으로 간주하는 경향이 커지고 있다. 그와 같은 편협함에는 비하의 느낌이 담긴 "주의"라는 딱지가 붙는다. "인종주의", "성차별주의", "유럽중심주의", "남성중심주의" 등이 그 예이다. 그런데 동물 권리 보호 운동가들은 그와 같은 현대의 무슨 무슨 "주의"의 죄악의 목록에 또 다른 항목을 추가하고자 한다. 바로 "종차별주의(species-ism)"가 그것이다. 인간의 성 행동의 기준은 분명 비뚤어지고 종차별주의적이며 인간중심주의적인 것이다. 왜냐하면 인간의 성적 습성은 지구상의 3000만 종의 다른 동물들의 관점에서 볼 때 너무나도 비정상적이기 때문이다. 물론 지구상의 수백만 식물, 균류, 미생물의 기준으로 볼 때에도 비정상적이다. 그러나 나는 이 책에서 이렇게 넓은 관점을 취하지는 않을 것이다. 왜냐하면 나는 아직 나의 동물중심주의(zoo-centrism)을 극복하지 못했기 때문이다. 이 책에서 나는 인간의 성적 행동에 대한 통찰을 얻기 위해 관점을 인간 이상의 범위로 확대하기는 하겠지만 동물 종을 아우르는 선 이상을 넘어서지는 않을 것이다.

그럼 먼저 지구상 약 4500종의 포유류——인간도 그중 한 종이다.——의 기준에서 정상적 성생활이 어떤 것인지 짚고 넘어가도록 하자. 대부분의 포유류의 경우 다 자란 수컷과 암컷이 짝을 지어 핵가족을 이루고 둘 사이에 태어난 새끼를 함께 기르면서 사는 일은 거의 없다. 대부분의 포유동물들은 다 자란 수컷과 암컷이 각기 혼자서 생활한다. 이렇게 따로 지내다가 번식기, 즉 교미할 때에만 만난다. 그러므로 수컷이 새끼를 돌보는 일은 거의 없다. 수컷들이 하는 아버지 역할은 정자를 제공하는 것에서 끝난다.

심지어 사자, 늑대, 침팬지, 그리고 발굽을 가진 포유류 등과 같이 집단을 이루고 사는, 가장 사회성이 발달된 동물들의 경우에도 집단 내에서 수컷과 암컷이 짝을 이루어 가족을 형성하는 경우는 거의 없다. 집단 내의 한 수컷이 어린 새끼들 중 어느 한 마리를 자신의 새끼로 알아보고 다른 새끼들보다 특별히 더 돌보거나 보호해 주는 경우도 찾아보기 어렵다. 실제로 사자, 늑대, 침팬지 등을 연구하는 과학자들이 DNA 검사의 힘을 빌려 어떤 수컷이 어떤 새끼의 아비인지 밝혀낼 수 있게 된 것은 고작 몇 년 되지 않는다. 그러나 항상 예외는 있는 법이다. 수컷 포유류 가운데 자신의 새끼를 돌보는 종이 있기도 하다. 여러 마리의 암컷을 거느리는 수컷 얼룩말과 고릴라, 암수가 짝을 지어 무리로부터 떨어져 생활하는 긴팔원숭이의 수컷, 그리고 1마리의 암컷이 2마리의 수컷을 거느리는 안장무늬타마린(saddleback tamarin monkey, *Saguinus fuscicollis*)의 수컷은 제 새끼를 돌본다.

무리를 이루어 생활하는 포유류 동물들의 경우 대부분 집단 내의 다른 동물들이 보는 앞에서 교미를 한다. 예를 들어 바바리원숭이(Barbary macaque, *Macaca sylvanus*)의 암컷은 발정기가 되면 자신이 속한 무리의 모든 수컷들과 관계를 가진다. 그리고 어떤 수컷과 교미를 하고 있을 때 다른 수컷이 보든 말든 개의치 않는다. 이와 같은 동물들의 공개적인 섹스라는 패턴의 가장 두드러진 예외는 침팬지(*Pan troglodytes*)이다. 침팬지의 경우 수컷과 발정기의 암컷이 짝을 짓게 되면 무리로부터 떨어져서 단 둘이 지내기도 한다. 사람들은 이것을 "결혼 생활(consortship)"이라고 부른다. 그러나 제 짝과 남의 눈을 피해 관계를 가졌던 바로 그 암컷이 발정기가 다 끝나기 전에 자신의 무리에 속한 다른 수컷과 공개적으로 관계를 가지기도 한다.

대부분의 포유류 암컷들은 생식 주기 중 배란이 되어 임신할 수 있는 짧은 기간이 돌아오면 눈에 띄는 광고 수단을 이용해서 그 사실을 다른 동물들에게 알린다. 그 신호는 시각적인 것(예를 들어 성기 주변이 붉은색으로 변한다.)일 수도 있고, 후각적인 것(특유의 냄새를 발산한다.)일 수도 있으며, 청각적인 것(특유의 소리를 낸다.)이거나, 아니면 특정 행동(수컷 앞에서 자신의 성기를 내보인다.)일 수도 있다. 이처럼 포유류 암컷은 오직 가임기에만 수컷을 유혹한다. 발정기가 아닌 때에 암컷은 성적 매력을 발산하지 못하거나 적어도 수컷에게 덜 매력적이다. 평소에는 수컷을 자극하는 신호가 나타나지 않기 때문이다. 그리고 이때에는 설사 수컷이 다가온다고 하더라도 퇴짜를 놓는다. 따라서 이들에게 섹스는 결코 단순히 쾌락을 위한 것이 아니며 섹스는 그 본래 기능인 생식으로부터 거의 떨어져 나오지 않은 채로 머물고 있는 셈이다. 이러한 일반화에도 역시 예외가 존재한다. 인간 외에도 몇몇 종의 동물에게 있어 섹스는 명백하게 생식으로부터 분리되어 있다. 바로 보노보(bonobo, *Pan paniscus*)와 돌고래가 그러한 종이다.

마지막으로 대부분의 야생 포유류의 경우 폐경이 일반적인 현상으로 자리 잡는 경우가 없다. 폐경이란 이전의 가임기에 비해 상대적으로 매우 짧은 기간 동안 생식 능력이 완전하게 중단되고 그 후 꽤 오랜 기간에 걸쳐서 생식을 할 수 없는 상태가 계속되는 현상을 말한다. 그런데 야생 포유동물들의 경우 죽을 때까지 생식 능력을 가지고 있거나 아니면 나이를 먹음에 따라 생식 능력이 점차로 감소해 가는 것이 보통이다.

이제 지금까지 언급한 정상적인 포유동물들의 성적 습성과 비교해서 인간의 성적 습성이 어떠한지 논의해 보자. 다음은 우리가 보통 당연하다고 여기는 인간의 속성들이다.

1. 대부분의 인간 사회에서 대부분의 남성과 여성은 오랫동안 짝을 이루어 생활하며(결혼) 사회의 다른 구성원들은 이것을 서로에 대한 의무로 결합된 두 사람의 계약으로 간주한다. 짝을 이룬 두 사람은 반복적으로 성관계를 가지며, 각 배우자는 오직 혹은 주로 자신의 짝과 성관계를 갖는다.

2. 결혼은 단순히 두 사람이 성적으로 결합하는 것을 넘어서서 둘 사이에 태어난 아이들을 함께 기르는 관계이다. 특히 인간의 남성은 여성과 마찬가지로 제 아이를 돌보고 보살핀다.

3. 남성과 여성이 짝을 이루지만 (혹은 한 남성과 다수의 여성이 같이 살지만) 그렇다고 해서 긴팔원숭이(gibbon)의 경우처럼 자신들만의 배타적인 공간에서 따로 떨어져서 살아가지는 않는다. 그 대신 인간의 짝은 무리 속에서 다른 구성원들과 함께 살아가고 경제적으로 협동하며 공동의 영역을 함께 이용한다.

4. 결혼한 부부는 대개 남이 보든 말든 괘념치 않는 다른 동물들과는 달리 남의 눈길이 닿지 않는 곳에서 사랑을 나눈다.

5. 인간의 배란은 공공연히 드러나는 것이 아니라 눈에 띄지 않는 채로 일어난다. 다시 말해서 임신이 가능한 짧은 기간을 여성

의 잠재적 섹스 파트너는 물론이고 여성 자신도 알아채기 힘들다는 것이다. 여성은 가임기뿐만 아니라 생식 주기 전체에 걸쳐서 성관계를 가질 수 있다. 따라서 인간의 경우 대부분의 교접이 수태가 될 수 없는 시기에 일어난다고 보아야 할 것이다. 다시 말해 인간의 경우 생식보다는 즐거움을 위해 섹스를 한다고 말할 수 있다.

6. 40세나 50세가 넘은 여성의 대부분은 폐경을 겪게 된다. 폐경이란 생식 능력이 완전히 사라지는 현상을 말한다. 남성은 대개의 경우 폐경을 겪지 않는다. 그 대신 남성에 따라 나이에 관계없이 불임 문제가 일어날 수 있다. 하지만 모든 남성들이 특정 나이가 되면 생식 능력을 잃게 되거나 하지는 않는다.

기준(norm)이 있으면 기준에서 벗어나는 예외도 있는 법이다. 우리가 어떤 것을 '기준'으로 삼는 것은 단지 그것이 그 반대의 경우보다 더 자주 일어나는 현상이기 때문이다. 인간의 다른 모든 기준과 마찬가지로 성에 관련된 기준 역시 그러하다. 좀 전에 논의된 내용을 읽으면서 독자들은 나의 일반화에 이의를 달고픈 욕구를 느꼈을 것이다. 그러나 내가 말한 사항들은 여전히 일반적인 경우라고 할 수 있다. 예를 들어 보자. 설사 인간의 사회가 일부일처제를 법이나 관습으로 규정한다고 하더라도 혼외 정사나 혼전 정사 등이 빈번하게 이루어지고 있으며 지속적이고 장기적인 관계의 일부가 아닌 성관계도 얼마든지 열거할 수 있다. 사람들도 분명 시쳇말로 원 나이트 스탠드(one night stand)라고 부르는 하룻밤 성관계를 맺는다. 그러나 대부분의 사람들이 수년, 아니 수십 년 된 잠자리 상대와 관계를 맺고 있다. 그런데 호랑이나 오랑우탄(orangutan, *Pongo pygmaeus*, 성성이라고도 한다.)의 성생활은 오로지 원 나이트 스탠드로만 점철되어 있다. 지난 반세기 동안 발달된 유전적 친자 판별 검사법을 이용해서 확인한 결과 미국이나 영국이나 이탈리아 등의 국가에서 대부분의 아기들은 아기 어머니의 남편(혹은 지속적인 남자 친구)의 아이인 것으로 확인되었다.

어쩌면 독자들은 내가 인간 사회를 일부일처제적이라고 묘사한 대목에서 버럭 화를 냈을지도 모른다. 동물학자들이 얼룩말이나 고릴라의 일부다처제적 습성을 묘사하면서 종종 사용하는 "하렘(harem)"이라는 표현은 다름 아니라 아랍 지역의 사회 제도를 가리키는 단어이다. 그렇다. 많은 인간들이 일부일처제를 따르되 그 상대를 순차적으로 바꾸고 있다. 그렇다. 일부다처제(오랫동안 한 남자가 동시에 여러 명의 아내와 사는 관행)는 오늘날에도 몇몇 국가에서 법적으로 보장받는 제도이며 일처다부제(한 여성이 지속적으로, 그리고 동시에 여러 명의 남편과 사는 관행) 역시 몇몇 사회에서는 법으로 보호받고 있다. 사실 일처다부제는 국가 제도가 생겨나기 전 인간 사회에서 널리 받아들여지던 관습이었다. 그러나 비공식적 일부다처제 사회에서도 대부분의 남성은 한 번에 1명의 아내를 두고 있었으며 오직 매우 부유한 남성만이 동시에 몇 명의 부인을 얻고 유지할 수 있었다. 일부다처제라는 단어가 연상시키는, 최근의 아랍이나 인도의 왕족들의 경우와 같이 한 남성이 여러 명의 여성을 거느린 대규모의 하렘은 오직 국가 단위의 사회에서만 가능했다. 이러한 사회는 인간의 진화 단계에서 상당히 최근에 나타난 것으로 오직 이런 사회만이 몇몇 남성들이 거대한 부를 독점할 수 있는 것을 가능하게 하기 때문이다. 따라서 앞서 제시한 일반화는 정당하다. 대부분의 인간 사회에서 대부분의 성인들은 특정 순간에 법적으로나 실질적으로 일부일처제적이고 장기적인 배우자 관계를 맺고 있는 경우가 많다.

그러나 나의 일반화에 대한 반론의 여지는 여전히 남아 있다. 인간의 결혼을 두 사람 사이에서 태어난 아이를 함께 키우는 관계로 규정한 것에 대해서 말이다. 대부분의 아이들은 아버지보다는 어머니의 보살핌을 더 많이 받는다. 또한 비록 전통적인 사회에서 어머니 혼자서 아이를 성공적으로 키워 내는 것이 훨씬 힘든 일이 기는 하지만, 오늘날 독신으로 아이를 키우는 여성은 성인 인구의 상당 부분을 차지하고 있다. 그러나 여전히 일반화는 가능하다. 대부분의 인간 아이들은 아버지로부터 어떤 형태로든 보살핌을 받고 있다. 그 보살핌은 아버지가 아이를 직접 돌보거나, 가르치 거나, 보호해 준다거나, 먹을 것과 집과 돈을 제공해 주는 것과 같 은 형태로 나타날 수 있다.

인간의 성적 습성에 대한 이 모든 특징 — 장기적인 성적 배 우자 관계, 부부의 공동 양육, 다른 부부들과 가까이 지내는 것, 여 성의 배란의 신호가 드러나지 않는 것, 여성이 배란기가 아닐 때에 도 성관계가 가능하다는 점, 즐거움을 위해 섹스를 하는 것, 여성 의 폐경 — 들은 우리 인간이 정상적인 성적 습성이라고 간주하는 것들이다. 우리의 성적 습성과 너무나 커다란 차이를 보이는 코끼 리바다표범(elephant seal)이나 주머니쥐(marsupial mice), 또는 오랑 우탄의 성생활에 대한 이야기를 듣는 것은 우리의 흥미를 돋우거 나, 재미있거나, 때로는 역겹게 만든다. 그들의 삶은 참으로 이상 하게 보인다. 그러나 그러한 생각이야말로 우리가 종차별적이라는 것을 입증해 준다. 인간을 제외한 지구상 4,300종의 포유류의 기준으로 볼 때, 아니 우리와 가장 가까운 친족인 유인원(침팬지, 보노보, 고릴라, 오랑우탄)의 관점으로 보더라도 진짜 이상한 것은 다름 아닌 우리이다.

그러나 이렇게 말하는 나 역시 편협한 사고에서 벗어나지 못한 셈이다. 동물중심주의보다 더욱 편협한 포유류중심주의에 사로잡혀 있으니 말이다. 자, 그렇다면 우리는 포유류가 아닌 다른 동물들의 관점에서 볼 때에는 좀 더 정상적이라고 볼 수 있을까? 포유류 이외의 동물들은 포유류만을 놓고 볼 때보다 더욱 광범위한 성적, 사회적 시스템을 보여 준다. 포유류의 경우 새끼들이 아비의 보살핌을 받지 못하고 오직 어미의 보살핌을 받는 것이 보통이지만 새나 개구리나 물고기의 일부 종의 경우 그 반대, 즉 어미가 아닌 아비가 홀로 새끼를 돌본다. 심지어 심해어 중 일부의 경우 수컷은 암컷의 몸속으로 들어가 융합되어 버리는 부속 기관에 지나지 않는다. 또 거미나 곤충의 일부 종의 수컷은 교미가 끝나자마자 암컷에게 잡아먹혀 버린다. 인간을 비롯한 대부분의 포유류의 경우 평생 여러 번에 걸쳐 교미를 하지만 연어나 문어, 그밖에 많은 종의 동물들은 대폭발(big bang)에 비견되는 일생일회 생식(semelparity)을 하기도 한다. 이 단 한 번의 생식 활동이 끝나면 미리 예정된 프로그램에 따라 생명이 다하게 되는 것이다. 한편 새, 개구리, 물고기, 곤충 (그리고 박쥐와 영양) 가운데 일부 종의 짝짓기는 마치 인간 사회의 독신 남녀들이 술집(singles bar)에서 벌이는 행위와 비슷한 양상을 띤다. '렉(lek)'이라고 하는 특별한 구애 장소에서 수컷들이 제각기 자리를 잡고 서서 그곳을 방문하는 암컷의 주의를 끌기 위해 경쟁한다. 그러면 암컷은 그중 한 마리를 골라잡아 (이때 많은 암컷들의 선택을 받는 인기 있는 수컷이 따로 있다.) 교미를 하고 떠난다. 그리고 그 결과로 생긴 새끼를 수컷의 도움 없이 혼자 키우는 것이다.

동물들 가운데 성적 습성의 일부 측면이 인간과 흡사한 종이 있다. 유럽과 북아메리카의 조류 중에는 암수가 짝을 지어서 함께 사는 종이 있다. 그 관계는 적어도 한 번의 번식기 동안 계속되고 경우에 따라 평생 지속되기도 한다. 그리고 암컷뿐만 아니라 수컷도 새끼를 돌본다. 이러한 새들 중 대부분은 짝을 이룬 한 쌍이 그들만의 배타적인 영역에서 살아간다는 점에 있어서 우리 인간과 다르다. 그런데 바다새(sea bird) 중 일부 종은 짝을 지은 암수 쌍들이 전체 군락 속에서 다른 쌍의 새들과 이웃을 이뤄 살아간다는 점에서 우리와 더욱 비슷하다. 그러나 이 모든 종의 새들 역시 암컷이 배란기를 겉으로 드러내 광고하고, 암컷은 주로 가임기에만 교미를 하고자 하며, 교미가 즐거움을 위한 활동이 아니고, 각 쌍들 간의 경제적 협력이 미미하거나 거의 존재하지 않는다는 점에서 인간과 차이를 보인다. 보노보는 이러한 측면에 있어서 우리 인간에 더욱 가까이 다가선다. 암컷은 발정기를 전후로 수주에 걸쳐서 성행위가 가능하고, 이들은 주로 즐거움을 얻기 위해 섹스를 하며, 무리 안의 많은 구성원들이 어느 정도 경제적으로 서로 협동한다. 그러나 보노보 역시 지속적으로 짝을 이루어 생활하고, 배란 현상이 겉으로 드러나지 않으며, 아버지가 제 아이를 인정하고 보살피는 인간의 특징은 공유하지 않는다. 그리고 이 모든 종들은 인간 여성의 폐경과 같은 현상을 보이지 않는다.

이처럼 포유류중심주의를 벗어난 시각마저도 앞서 이야기한 개의 평가를 강력히 뒷받침해 주고 있다. 성적 습성에 있어서 인간이야말로 정말 이상한 동물이라는 그 평가 말이다. 우리는 공작새의 별난 습성이나 주머니쥐의 놀라운 번식력에 혀를 내두르지만 실제로 이 종들이 하는 행동은 다양한 동물 행동 중 하나일 뿐이다. 오히려 어떤 동물보다 특이하고 별난 것은 다름 아닌 우리이다. 종차별적 동물학자들은 망치머리과일박쥐(hammer-headed fruit bat, *Hypsignathus Monstrosus*)의 수컷이 어떻게 특정 장소(lek)를 중심으로 구애를 펼치는 짝짓기 방식을 갖도록 진화되었는지 설명하기 위해 갖가지 이론과 공론을 내놓는다. 그러나 정작 가장 설명을 필요로 하는 짝짓기 방식은 인간의 짝짓기 방식이다. 왜 우리는 다른 동물들과 이토록 다르게 진화되었을까?

지구상의 포유류 가운데 우리와 가장 가까운 친족 관계를 가진 큰 유인원(great ape, 긴팔원숭이 같은 작은 유인원(little ape)과는 구분된다.)과 인간을 비교해 볼 때 이러한 질문은 더욱 절실하게 다가온다. 우리와 가장 가까운 동물은 침팬지와 보노보로 이들은 유전 물질(DNA)에 있어서 우리와 고작 1.6퍼센트의 차이를 보일 뿐이다. 그 다음은 고릴라(사람과의 DNA 차이는 2.3퍼센트)와 서남아시아 지방의 오랑우탄(사람과의 DNA 차이는 3.6퍼센트)이다. 우리의 조상들은 '고작' 700만 년 전에 침팬지 및 보노보의 조상들과 갈라져서 진화되었으며 고릴라의 조상과는 900만 년 전에, 오랑우탄의 조상과는 1400만 년 전에 갈라진 것으로 추정된다.

이것은 한 사람의 일생에 비교할 때 어마어마하게 긴 시간처럼 느껴질 테지만 진화의 시간 척도에서는 그저 눈 한 번 깜짝할 사이에 지나지 않는다. 지구 생명의 역사는 30억 년 이상 되었고 단단한 외골격을 가진 복잡하고 거대한 동물들이 폭발적으로 생겨나기 시작한 지는 5억 년이 더 되었다. 비교적 짧은 그 시간 속에서 우리의 조상들과 우리의 친족인 큰 유인원의 조상들은 제각기 다르게 진화되어 왔다. 인간은 고작 몇 가지의 중요한 측면에 있어서 약간 다르게 분화되었을 뿐이다. 그러나 그 약간의 차이, 특히 직립 자세와 큰 뇌는 어마어마한 행동적 차이를 가져왔다.

자세와 뇌의 크기에 성적 습성이 더해질 때 인간을 유인원과 다르게 만들어 주는 특징의 삼위일체가 완성된다. 오랑우탄은 많은 경우에 홀로 돌아다니고 암컷과 수컷은 교미할 때만 서로 관계를 맺는다. 그리고 수컷은 새끼를 돌보지 않는다. 고릴라의 수컷은 몇 마리의 암컷들로 이루어진 하렘을 거느린다. 그리고 각각의 암컷과 몇 년의 간격을 두고 (새끼가 젖을 떼고 암컷에게 다시 생리가 시작된 다음부터 다시 임신을 하기 전까지) 관계를 가진다. 침팬지나 보노보는 집단 속에서 살아가면서 특별히 암수 간의 유대 관계나 부자 간의 유대 관계를 발달시키지 않는다. 우리의 커다란 뇌와 직립 자세가 우리가 인간성(humanity)이라고 부르는 특징들을 형성하는 데 결정적인 역할을 한 것은 틀림없다. 그 인간성 덕분에 우리는 언어를 사용하고, 책을 읽고, 텔레비전을 보고, 우리가 먹는 대부분의 음식을 사거나 직접 길러 내고, 모든 대륙과 대양을 점령하고, 동료 인간이나 다른 종의 동물을 우리 안에 가두어 두고, 다른 대부분의 종의 동물과 식물을 몰살시켜 버리게 되었다. 큰 유인원들이 아직까지도 구세계(아시아, 아프리카, 유럽의 총칭 — 옮긴이) 열대 지역의 적은 영토만을 차지하고, 어떤 동물도 우리 안에 가두지 않고, 어떤 다른 종의 생존도 위협하지 않고서, 말없이 정글에서 나무열매를 따먹으며 살아가는 동안에 말이다. 그렇다면 이러한 인간성의 뚜렷한 특질을 성취하는 데 있어서 우리의 특이한 성적 습성은 어떤 역할을 한 것일까?

유인원과 구분되는 인간의 성적 특성들은 유인원과 구분되는 다른 특징들과 관련 있는 것은 아닐까? 직립 보행과 뇌의 크기가 크다는 점 이외에도 (아마도 그 두 특징의 산물이겠지만) 인간과 유인원은 많은 차이점을 찾아볼 수 있다. 인간은 유인원보다 털이 더 적고, 도구에 의존하며, 불을 사용하고, 언어, 기술, 문자를 발달시켰다. 그런데 설사 이러한 특징들이 인간 특유의 성적 특징을 진화시키는 데 기여했다고 하더라도 그 연결 고리는 명확하지가 않다. 예를 들어서 인간의 몸에 털이 더 적어졌기 때문에 섹스가 즐거움의 수단이 되었다거나, 불을 사용하게 되었기 때문에 폐경이 일어나게 되었다고 보기는 어렵다는 말이다. 오히려 나는 그 반대라고 생각한다. 즐거움의 원천으로서의 섹스나 여성의 폐경은 우리가 불을 사용하고 언어와 기술을 발달시키고, 문자를 발명하는 데 있어서 직립 자세나 커다란 뇌만큼이나 중요한 역할을 했다고 말이다.

인간의 성적 습성을 이해하는 데 있어서 무엇보다 중요한 것은 성적 습성이 진화생물학적 문제라는 점을 인정하는 것이다. 다윈이 그의 『종의 기원(*On the origin of species*)』에서 생물학적 진화라는 현상을 주장했을 때 그가 제시한 증거의 대부분은 해부학적인 것이었다. 그는 대부분의 식물이나 동물의 구조가 진화한다고—세대를 거듭함에 따라 변화한다고—주장했다. 그는 또한 이러한 진화적 변화의 뒤에 숨어 있는 원동력은 바로 자연선택이라고 주장했다. 다윈이 말한 자연선택은 식물이나 동물 개체는 해부학적으로 각기 다르게 적응해 나가는데 특정 적응 방식이 그 개체를 좀 더 성공적으로 생존하고 생식할 수 있도록 만들어 줄 경우 세대를 거듭함에 따라 그러한 적응 방식이 개체군에서 더욱 빈번하게 나타난다는 것이다. 나중에 생물학자들은 해부학적 측면에 대한 다원의 고찰이 생리적 측면이나 생화학적 측면에도 그대로 적용된다는 사실을 입증했다. 동물 또는 식물의 생리적, 생화학적 특성은 특정 생활 방식에 맞추어 적응해 나가고 환경 조건에 따라 진화하게 된다.

　최근에는 진화생물학자들이 동물의 사회 체제 역시 진화와 적응을 겪는다는 사실을 보여 주었다. 서로 매우 가까운 종의 동물들인 데도 어떤 종은 개체 홀로 살아가고, 어떤 종은 작은 무리를 이루어 살아가고, 어떤 종은 대규모의 집단을 이루어 살아간다. 그러나 사회적 행동은 생존과 생식에 중대한 영향을 미친다. 예를 들어서 어떤 종을 둘러싼 환경이 식량이 부족한 상태인지 쉽게 구할 수 있는지에 따라서, 혹은 어떤 종이 포식자의 공격 위험이 높은 상태에서 살아가는지에 따라서 홀로 살거나 무리를 지어 사는 것이 더 유리해지거나 불리해질 수 있다.

　성적 습성에 있어서도 이와 비슷한 상황을 생각해 볼 수 있다. 어떤 동물 종의 식량 사정, 포식자의 공격 위험, 기타 생물학적 특성에 따라 어떤 성적 특성이 생존과 생식에 더 유리할 수 있다. 이 시점에서 나는 한 가지 재미있는 예를 들고자 한다. 바로 언뜻 보기에 진화론적 논리에 정반대되는 것으로 보이는 행동인 동족 포식(cannibalism)이다. 거미나 사마귀의 일부 종의 수컷은 교미 후에, 심지어는 교미 중에 교미 상대인 암컷에게 잡아먹힌다. 그런데 이러한 행위는 수컷의 동의하에 일어나는 것이 분명해 보인다. 왜냐하면 수컷은 암컷에게 접근한 채로 도망가려 하지도 않고, 심지어 자신의 머리와 가슴을 암컷의 입 쪽으로 구부려 주기 때문이다. 수컷은 암컷이 자신의 몸의 대부분을 우적우적 먹어 들어가는 동안 자신의 배 부분은 암컷의 몸에 정자를 방출하는 임무를 완수하도록 한다.

만일 우리가 자연선택을 생존의 극대화라고 본다면 이와 같은 행동은 전혀 이치에 맞지 않는다. 그런데 실제로 자연선택은 유전자의 전달을 극대화하는 것이며 대부분의 경우에서 생존이란 단지 유전자를 전달할 기회를 반복적으로 갖기 위한 한 가지 전략에 지나지 않는다. 만일 유전자를 전달할 기회가 매우 드물고 언제 다가올지 알 수 없는 상황이라고 가정해 보자. 그리고 그 얻기 힘든 기회로 생겨날 자손의 수가 암컷의 영양 상태에 따라 더 늘어날 수 있다고 생각해 보자. 그것이 바로 개체군 밀도가 매우 낮은 상태로 살아가는 일부 거미와 사마귀 종의 상황이다. 그 경우 수컷에게 있어서 일단 교미할 암컷을 만난 것만으로도 큰 행운

이 아닐 수 없다. 그것은 일생에 두 번 일어나기 어려운 행운인 것이다. 그 경우 수컷에게 남겨진 최선의 전략은 그 행운의 만남을 통해 자신의 유전자를 지닌 자손을 가능한 한 많이 생산해 내는 것이 될 터이다. 그런데 암컷이 더 많은 영양소를 몸에 지닐수록 그 열량과 단백질이 더 많은 수의 알을 만들어 내게 될 것이다. 짝짓기를 끝내고 암컷과 헤어진 수컷은 어차피 다른 암컷을 만나게 될 가능성이 희박하고, 그 수컷의 남은 생존 기간은 아무런 쓸모가 없을 뿐이다. 그 대신 암컷으로 하여금 자신의 몸을 먹게 한다면 암컷은 그의 유전자를 지닌 알을 더 많이 만들어 낼 것이다. 뿐만 아니라 암컷의 입이 수컷의 몸을 씹어 먹는 동안 수컷의 생식기는 더 오랫동안 교미를 할 수 있고 그 결과 더 많은 정자가 암컷의 몸에 전달되어 더 많은 알이 만들어질 수 있게 된다. 이것은 그야말로 흠잡을 데 없는 진화론적 논리이다. 이러한 행동이 이상하게 보이는 것은 인간의 다른 생물학적 특성들이 동족 포식을 불리한 것으로 만들어 주기 때문이다. 대부분의 남성은 일생 동안 교미할 기회를 한 번보다는 더 많이 갖는다. 그리고 아무리 영양 상태가 좋은 여성도 한 번에 1명의 아기를, 아니면 기껏해야 쌍둥이를 낳을 뿐이다. 그리고 여자가 임신을 위해 영양 상태를 크게 개

선시키고자 한다고 하더라도 한자리에서 남자 1명의 몸을 모두 먹어치울 수도 없다.

이 예는 동물의 성적 전략이 생태학적 변수 및 생물학적 변수에 따라 다르게 진화될 수 있음을 보여 준다. 그리고 그러한 생태학적 변수 및 생물학적 변수는 종에 따라 다르다. 거미와 사마귀의 일부 종의 경우와 같이 서식지의 개체군 밀도가 낮고 암컷과 수컷이 서로 만날 확률이 낮은 생태학적 변수와, 암컷이 상대적으로 많은 양의 먹이를 한 번에 소화해 낼 수 있으며 영양 상태가 좋으면 훨씬 많은 수의 알을 낳을 수 있는 생물학적 변수가 주어질 경우 교미 상대를 잡아먹는 행동이 유리한 것이 될 수 있다. 그런데 어떤 개체가 새로운 서식지로 이주할 경우 생태학적 변수는 순식간에 변화될 수 있다. 그러나 그 개체는 타고난 생물학적 속성을 지닌 채 이주하게 되고 그 속성은 자연선택을 통해 매우 느리게 변화할 뿐이다. 따라서 어떤 종의 서식지와 생활 방식을 고려해서 그에 꼭 들어맞는 성적 특성을 종이 위에 설계해 놓고는 왜 그 종은 그런 식으로 진화하지 않았을까 하고 이상하게 여길 필요는 없다. 성적 진화는 타고난 선천적 조건과 이전의 진화 역사에 따라 크게 제한되기 때문이다.

예를 들어서 대부분의 물고기 종의 경우 암컷이 알을 낳고 수컷은 암컷 몸 밖에서 그 알들을 수정시킨다. 그러나 태반류(placental)나 유대류(marsupial)의 암컷은 모두 알이 아니라 살아 있는 새끼를 낳으며, 모든 포유동물은 체내 수정(수컷의 정자가 암컷의 몸속에 주입되는 수정 방식)을 한다. 태생(胎生)과 체내 수정에는 엄청나게 많은 생물학적 적응과 엄청나게 많은 유전자가 관여하며 모든 태반류와 유대류는 수천만 년 동안 이와 같은 속성을 유지해 왔다. 우리가 곧 보게 되겠지만 이와 같은 타고난 조건은 왜 포유류 가운데는 수컷만 홀로 새끼를 돌보는 경우가 없는지, 심지어 수컷 혼자서 알이나 새끼를 돌보는 물고기나 개구리와 같은 서식지에서 살아가는 포유류의 경우에도 그러한 경우를 찾아볼 수 없는지 그 이유를 설명하는 데 도움을 줄 것이다.

이로써 우리는 우리의 기묘한 성적 습성에서 야기된 문제점을 재규명하게 되었다. 지난 700만 년 동안 우리의 가장 가까운 친족인 침팬지의 조상들과 비교할 때, 우리의 성과 관련된 해부학적 측면은 약간 분화되었고, 성과 관련된 생리학적 측면은 좀 더 분화되었으며 성적 행동은 그보다 더 많이 분화되었다. 이러한 분화는 물론 인간과 침팬지가 처한 환경과 각자의 생활 양식의 차이를 반영한다. 그러나 이러한 분화는 또한 유전적으로 타고난 조건에 따라 제한을 받는다. 그렇다면 우리의 특이한 성적 습성을 형성해 온 생활 방식상의 차이와 타고난 조건은 각각 무엇일까?

2
성의 전쟁

앞 장에서 우리는 인간의 성적 습성을 이해하기 위한 노력은 일단 우리의 왜곡된 인간중심주의적 관점을 벗어던지는 데에서 시작해야 한다는 사실에 대해 논의했다. 우리의 아버지와 어머니가 섹스를 한 후에도 서로 헤어지지 않고 섹스의 결과로 태어난 아이를 함께 기른다는 점에서 우리는 매우 예외적인 동물이다. 물론 아무도 남성과 여성이 부모 역할에 있어서 동등하다고 주장할 수는 없을 것이다. 대부분의 가정과 대부분의 사회에서 아버지와 어머니의 부모 역할 분담은 어마어마한 불평등을 보일 것이다. 그러나 대부분의 아버지들이 자신의 아이들에게 어느 정도 기여를 한다. 그 기여가 그저 먹여 주고 보호해 주고 혹은 재산을 물려주는 것에 지나지 않는다고 하더라도 말이다. 우리는 그와 같은 아버지의 기여를 당연한 것으로 여기기에 법에도 명시해 놓았다. 이혼한 아버지도 자녀의 부양에 대한 책임을 진다. 심지어 결혼하지 않은 여성도 유전자 검사로 친자임을 입증하기만 한다면 그 아이의 아버지에게 자녀를 부양하도록 법적으로 요구할 수 있다.

그러나 이것은 왜곡된 인간중심주의적 관점의 결과물이다. 남녀평등주의자들에게는 안된 이야기지만 인간의 그와 같은 태도는 동물 세계, 특히 포유류의 관점에서 볼 때에는 정도(正道)에서 벗어난 태도이다. 만일 오랑우탄, 기린, 그리고 대부분의 다른 포유동물들에게 의견을 물어본다면 그들은 아버지에게 자녀 부양 의무를 지우는 인간의 법 제도가 아주 웃기는 제도라고 말할 것이다. 대부분의 포유류 수컷은 교미가 끝나고 나면 그 결과 태어나는 자신의 새끼나 그 새끼의 어미와의 관계를 깨끗이 청산해 버린다. 또 다른 상대를 찾아 자신의 정자를 퍼뜨리기에 너무 바쁘기 때문이다. 포유류뿐만 아니라 대부분의 동물 수컷은 암컷에 비해 새끼를 돌보는 데 거의 혹은 전혀 기여하지 않는다.

그러나 이렇게 획일적인 패턴에도 어느 정도 예외는 존재한다. 지느러미발도요(phalarope, *Phalaropus lobatus*)와 점박이도요

(Spotted Sandpiper, *Actitis macularia*)의 경우 수컷이 알을 품어 부화시키고 어린 새끼들을 키운다. 그동안 암컷은 자신을 임신시켜 줄 다른 수컷을 찾아 날아가 버린다. 한편 물고기 중 일부 종(해마와 가시고기)과 양서류(산파개구리)의 수컷은 둥지나 자신의 입, 주머니, 등 따위에 알을 두고서 보호한다. 암컷이 새끼를 돌보는 일반적인 패턴과 이와 같은 수많은 예외를 우리는 어떻게 설명할 수 있을까?

　　말라리아에 대한 저항성이나 치아에 대한 유전자와 마찬가지로 행동에 대한 유전자 역시 자연선택의 대상이라는 사실을 깨닫는 데에서 이에 대한 대답을 얻을 수 있다. 어느 한 종의 동물에게 있어서 유전자를 후세에 물려주는 데 도움이 되었던 행동 패턴이 반드시 다른 종의 동물에게도 도움이 되는 것은 아니다. 특히 암컷과 수컷이 교미를 해서 수정란을 만들어 내고 나면 이제 그 후의 행동에 대한 '선택'을 마주하게 된다. 수컷과 암컷 모두 수정된 알이 저 혼자 알아서 살아남도록 홀로 놓아두고서 또 다른 수정란을 만들기 위한 작업에——지금 이 짝과 함께든 새로운 짝과 함께든——착수해야 하는 것일까? 한편으로 생각해 볼 때, 섹스를 멀찌감치 미루어두고 수정된 알을 돌보는 데 주력할 경우 그 알의 생존 가능성은 더욱 커지게 될 것이다. 그러한 선택을 한 경우라도 또 다른 선택 가능성이 남아 있게 된다. 암컷과 수컷이 함께 힘을 합쳐서 수정된 알을 돌볼 수도 있고 아니면 암컷 홀로 또는 수컷 홀로 양육을 떠맡을 수도 있다. 다른 한편으로 그 알을 그대로 두어도 살아남을 확률이 10분의 1 정도 되는데 알을 돌볼 시간 동안 교미를 한다면 1,000개의 수정란을 더 만들어 낼 수 있다면 당연히 첫 번째 수정란을 그대로 놓아두고 더 많은 수정란을 만드는 데 주력하는 편이 나을 것이다.

나는 그와 같은 가능성 중 하나를 택하는 것을 '선택'이라고 불렀다. 선택이라는 단어는 마치 동물이 여러 가지 가능성을 의식적으로 평가해 보고 그중 자신의 이익에 가장 크게 부합하는 가능성을 고르는 인간의 의사 결정과 비슷한 과정을 거친다는 느낌을 줄 수 있다. 물론 실제로 그런 일은 일어나지 않는다. 그와 같은 선택의 대부분은 동물의 해부학적 구조나 생리학적 특징에 프로그램되어 있다. 예를 들어서 캥거루의 암컷은 새끼를 넣고 다니는 주머니를 갖도록 '선택'된 반면 수컷 캥거루는 그러한 선택을 거치지 않았다. 그 다음 암컷이나 수컷에게 해부학적으로 허용된 범위에서 남은 선택 가능성이 주어지게 될 것이다. 그러나 동물들은 또한 새끼를 돌보고자 하는 (혹은 돌보지 않고자 하는) 미리 프로그램된 본능을 가지고 있다. 그 본능적인 행동의 '선택'은 성에 따라 다를 수 있다. 예를 들어서 신천옹(albatross, *Diomedea albatrus*)의 경우 암컷과 수컷 모두가, 타조의 경우 수컷이, 대부분의 종의 벌새의 경우 암컷이 새끼들에게 먹이를 물어오고, 브러시칠면조(brush turkey, *Alectura lathami*)의 경우 암컷과 수컷 모두 새끼에게 먹이를 가져다주지 않는다. 이 종들의 암컷과 수컷 모두 신체적으로나 해부학적으로 새끼에게 먹이를 물어다 주기에 완벽한 조건을 갖추었는 데도 말이다.

　　새끼를 돌보는 데 관여하는 해부학적, 생리적, 본능적 특성들은 모두 자연선택에 따라 유전적으로 프로그램되어 있다. 이들이 모두 합쳐져 생물학자들이 생식 전략이라고 부르는 것의 일부를 형성한다. 다시 말해서 유전자의 돌연변이나 재조합을 통해 부모 새가 새끼에게 먹이를 물어다 주고자 하는 본능이 강화되기도 하고 약화되기도 하며 이러한 성향은 같은 종에서도 성에 따라 다르게 나타날 수 있다는 것이다. 이러한 본능은 부모 새의 유전자를 물려받은 새끼의 생존에 지대한 영향을 미칠 것이다. 부모가 먹이를 물어다 준 새끼가 살아남을 확률이 더 클 것은 자명한 이치이다. 그러나 우리는 이 점을 생각해 보아야 한다. 새끼에게 먹이를 물어다 주기를 포기한 부모 새는 자신의 유전자를 물려줄 다른 기회를 증가시키게 된다. 따라서 부모 새로 하여금 새끼에게 먹이를 물어다 주도록 만드는 유전자의 순수한 효과는 그 새를 둘러싼 생태학적 요소 및 생물학적 요소에 따라서 그 새의 유전자를 간직한 새끼의 수를 늘릴 수도 있고 줄일 수도 있을 것이다.

부모 새의 해부학적 구조나 본능적 특성을 전달받은 새끼 새의 생존 가능성을 높이는 쪽으로 작용하는 유전자가 있다면, 그 유전자는 생존한 새끼를 통해 후손에게 이어질 것이고, 그 결과 유전자의 발생 빈도가 높아지게 될 것이다. 이 문장은 다음과 같이 표현할 수 있다. 생존과 생식의 성공을 유도하는 해부학적 구조와 본능은 자연선택을 통해 확립되는 (유전적으로 프로그램되는) 경향이 있다. 그런데 이 길고 복잡한 문장은 진화생물학의 논의에서 너무나 자주 등장하게 되므로 생물학자들은 이 문장을 의인화된 표현으로 짧게 축약해서 표현하는 경향이 있다. 예를 들어서 어떤 동물이 어떤 행동을 하는 것을 '선택'했다거나 어떤 전략을 추구한다든가 하는 표현 말이다. 이러한 축약된 표현을 쓴다고 해서 그 동물이 정말로 의식적으로 계산해서 행동한다고 오해해서는 안 될 것이다.

오랜 시간 동안 진화생물학자들은 자연선택을 '종'의 이익을 촉진하는 것이라고 생각해 왔다. 실제로 자연선택은 애초에는 동물과 식물 개체 수준에서 일어난다. 자연선택은 단순히 종(전체 개체군)들 간의 경쟁도 아니고 서로 다른 종의 개체들 간의 투쟁도 아니며 같은 나이와 같은 성(性)의 동종 개체들 간의 경쟁만도 아니다. 자연선택은 부모와 자식 사이의 투쟁일 수도 있고 배우자 간의 경쟁일 수도 있다. 왜냐하면 부모와 자식, 아비와 어미의 이익이 서로 일치하지 않을 수도 있기 때문이다. 어느 특정 연령과 성의 개체가 자신의 유전자를 성공적으로 전달하도록 만들어 주는 요소가 다른 종, 다른 계층의 개체의 성공을 증가시켜 주지 않을 수도 있다.

특히 자연선택이 많은 자손을 남기는 수컷과 암컷을 선호한다면 많은 자손을 남기기 위한 암컷과 수컷의 전략이 다를 수 있다. 그것은 배우자 간의 내재된 갈등을 불러일으키게 된다. 이것은 굳이 과학자들이 나서서 입증해 내지 않아도 성인 남녀들이라면 너무나 잘 알고 있는 이야기일 것이다. 우리는 양성 간의 전쟁에 대해 농담을 나눈다. 그러나 그 전쟁은 농담거리도 아니고 어떤 특정 아버지나 어머니가 특정 상황에서 처한 개인적인 문제만도 아니다. 유전적 관점에서 남성에게 이익이 되는 행동이 배우자의 이익에 부합하지 않을 수 있으며 그 역도 성립한다는 것은 완벽한 진실이다. 이 잔인한 사실은 인간 불행의 근본적 원인 중 하나이다.

자, 방금 막 교미를 끝내고 수정란을 만들어 낸 암컷과 수컷이 그 다음 뭘 할 것인지에 대한 '선택'을 마주하고 있는 상황을 가정해 보자. 만일 그 수정란이 다른 도움을 받지 않고 살아남을 가능성이 어느 정도 존재하고 수컷과 암컷 모두 수정란을 돌볼 시간 동안 훨씬 더 많은 다른 수정란을 만들어 낼 수 있다면 수정란을 내팽개쳐 두는 것이 수컷과 암컷의 이익에 부합하는 일이 될 것이다. 그렇다면 이번에는 이런 상황을 가정해 보자. 새로 수정된, 혹은 어미 몸에서 나온, 혹은 부화된 알이, 아니면 갓 태어난 새끼가 어느 쪽이든 부모의 도움 없이 살아남을 확률이 0퍼센트라면 어떨까? 그렇다면 이제 아비와 어미 간의 갈등이 나타나게 된다. 만일 부모 중 어느 한쪽이 다른 쪽에게 성공적으로 양육 책임을 떠넘기고 빠져나와 다른 섹스 파트너를 찾아 떠날 수 있다면 그러한 행동은 그 자신의 유전적 이익을 증가시키고 그의 배우자의 유전적 이익은 감소시킬 것이다. 결국 야비하게 배우자와 새끼를 버리고 내빼는 이기적인 쪽이 진화론적 목표 달성에 더 가까워지는 셈이다.

만일 새끼가 생존하는 데 부모 중 어느 한쪽의 기여가 필수적인 상황이라면 아비와 어미는 누가 먼저 새끼와 배우자를 내버리고 다른 상대를 찾아 새로운 새끼를 낳는지를 놓고 냉혹한 경주를 벌여야 할 판이다. 이때 제 새끼를 버리고 도망가는 행위가 실제로 자신의 이익에 부합하게 될지는 남겨진 배우자가 새끼를 끝까지 잘 보살피느냐, 그리고 자신이 새로운 짝을 곧 찾아낼 수 있느냐에 달려 있다. 마치 이것은 수정이 일어나는 순간 수컷과 암컷이 담력 게임(chicken game, 두 대의 차가 서로 마주보고 돌진해서 먼저 피하는 사람이 지는 게임—옮긴이)을 벌이는 것이나 마찬가지이다. 상대방을 똑바로 응시하고 동시에 이렇게 말하는 것이다. "자, 이제 나는 새 짝을 찾아 떠날 생각이야. 원한다면 당신이 이 수정란을 돌보도록 해. 하지만 분명히 말해 두건대, 당신이 안 돌본다고 하더라도 날 믿지는 말라고. 나는 절대 안 돌볼 거니까." 만일 암컷과 수컷이 모두 상대방의 으름장을 허세라고 생각하고 해 볼 테면 해 보라는 식으로 수정란을 버리고 가 버린다면 그 수정란은 죽게 될 것이고 양쪽 부모 모두 게임의 패자가 될 것이다. 그렇다면 수컷과 암컷 중 꼬리를 내리고 뒤로 물러나는 것은 대개 어느 쪽일까?

그에 대한 답은 암컷과 수컷 중 수정란에 더 많이 투자한 것이 어느 쪽인지, 그리고 다른 상대와 새롭게 교미를 해서 자손을 만들 가능성이 큰 것이 어느 쪽인지에 따라 달라진다. 앞서 언급한 바와 같이 암컷이든 수컷이든 이러한 상황을 의식적으로 계산해서 행동한다는 것은 아니다. 암컷과 수컷의 행동은 자연선택을 통해 그들 신체의 해부학적 특성과 본능에 유전적으로 프로그램되어 있는 것이다. 많은 종의 경우 암컷이 한발 물러나 혼자서 수정란을 돌보고 수컷은 떠나 버린다. 그러나 수컷이 양육 책임을 떠맡고 암컷이 떠나 버리는 종도 존재한다. 그리고 수컷과 암컷이 힘을 합쳐서 알 또는 새끼를 돌보는 종도 있다. 어떤 종의 동물이 그중 어느 경우에 해당될지는 각 성에 따라 큰 차이를 보이는, 상호 연관된 세 가지 요소에 따라 결정된다. 자신이 수정된 알 또는 태아에 얼마나 많은 투자를 했는지, 이미 수정된 태아나 알을 돌봄으로써 또 다른 자손을 수정시킬 기회를 얼마나 잃어버리게 되는지, 그리고 수정된 태아나 알이 자신의 자손임을 얼마나 확신할 수 있는지가 그 세 가지 요소이다.

만일 우리가 지금 붙잡고 있는 일 또는 대상에 이미 많은 투자를 했다면 별로 투자하지 않은 경우보다 손 털고 떠나기 더 어려울 것이다. 우리는 모두 이러한 사실을 경험으로 알고 있다. 그 대상이 인간 관계이든 사업 프로젝트이든 주식이든 말이다. 우리가 투자한 것이 돈이든 시간이든 노력이든 그건 상관없다. 우리는 첫 번째 데이트에서 만난 상대가 맘에 안 든다면 그와의 관계를 쉽게 끝내 버릴 수 있다. 싸구려 조립식 장난감을 가지고 뭔가를 만들다가 몇 분 만에 난관에 부딪힌 경우라면 별 생각 없이 그냥 집어던져 버릴 수 있을 것이다. 그러나 25년간의 결혼 생활을 정리하고자 한다든가, 엄청난 돈을 투자한 주택 리모델링 공사를 중단해야 한다면 상당한 고통을 느낄 것이다.

잠재적 자손에 대한 부모의 투자 역시 이와 똑같은 원리가 적용된다. 난자가 정자에 의해 수정되는 순간까지만 따지더라도 대부분의 경우 암컷이 수컷보다 그 수정란에 대해 더 많이 투자한 셈이 된다. 왜냐하면 대부분의 동물에서 난자가 정자보다 훨씬 크기 때문이다. 난자와 정자 모두 염색체를 가지고 있지만 난자는 그에 더하여 수정란 또는 태아의 발달을 도와줄 영양소와 대사 기구를 지니고 있어야 한다. 적어도 태아가 스스로 영양 섭취를 할 수 있게 될 때까지 말이다. 반면 정자는 그저 편모 운동을 하는 꼬리와 그 운동으로 며칠 정도 헤엄치는 데 필요한 에너지만 있으면 된다. 그 결과 성인의 난자는 정자보다 100만 배가량 더 크다. 키위새의 경우 그 차이가 1 대 1000조이다. 따라서 수정된 태아를 초기 상태의 건설 프로젝트라고 본다면, 암컷과 수컷의 신체 크기 대비 투자 비율을 생각하면 수컷의 투자는 극히 미미하다고 볼 수 있다. 그러나 그렇다고 해서 이러한 상황이 수정의 순간에 암컷이 자동적으로 담력 게임에서 지게 된다는 것을 의미하지는 않는다. 수컷은 난자를 수정시킨 정자와 더불어 수억 개의 정자를 배출한다. 그렇게 본다면 수컷의 투자도 암컷 못지않다고 볼 수 있을지도 모른다.

수정은 그 과정이 암컷의 몸 안에서 일어나느냐 바깥에서 일어나느냐에 따라서 체내 수정과 체외 수정으로 나뉜다. 어류와 양서류의 대부분의 종은 체외 수정을 한다. 예를 들어서 대부분의 물고기의 경우 암컷과 수컷이 서로 인접한 상태로 물속에 동시에 난자와 정자를 배출한다. 그리하여 물속에서 수정이 이루어진다. 이와 같은 체외 수정의 경우 암컷의 의무적 투자는 알을 배출하는 순간에 끝난다. 수정된 알은 둥둥 떠다니면서 자신의 운에 따라 살아남거나 사라질 수도 있고 아니면 종에 따라 어느 한쪽 부모의 보살핌을 받을 수도 있다.

우리에게 더 친숙한 것은 체내 수정이다. 수컷 또는 남성이 (예컨대 삽입된 음경을 통해) 암컷 또는 여성의 몸 안에 정자를 주입한다. 대부분의 종에 있어서 그 다음에 일어나는 상황은 암컷이 즉시 수정란을 몸 밖으로 내놓기보다는 수정된 알 또는 태아가 스스로 생존할 수 있는 단계에 가깝게 발달할 때까지 몸 안에 지니고 있는 편이다. 모든 조류와, 많은 파충류, 오스트레일리아와 뉴기니의 가시두더지나 오리너구리와 같은 단공류(monotreme) 포유동물이라면 수정란은 보호 껍질에 싸인 채로 어미의 몸 밖으로 나오게 된다. 한편 수정란은 어미의 몸속에서 성장을 계속해서 알껍데기 없이 '태어나기'도 한다. 이러한 경우를 태생(viviparity, vivipary는 라틴어로 '산 채로 태어남'을 뜻한다)이라고 한다. 인간은 물론, 단공류를 제외한 모든 포유류와 일부 어류, 파충류, 양서류가 태생으로 태어난다. 태생은 어미 몸에서 발달 중의 태아에게 영양소를 전달하고 태아의 몸에 생긴 노폐물을 어미의 몸으로 전달하는 특수한 체내 구조──그중 포유류의 태반이 가장 복잡하다.──를 필요로 한다.

　이러한 체내 수정의 경우 암컷은 난자를 만드는 데 이미 상당한 투자를 한 것에서 더 나아가 수정란에 추가적인 투자를 하지 않을 수 없다. 암컷은 자기 몸의 칼슘과 영양소를 이용해서 알껍데기와 난황을 만들거나 혹은 자기 몸의 영양소로 태아의 몸을 만든다. 이와 같은 영양소의 투자 외에도 암컷은 임신 기간이라는 시간을 투자해야 한다. 그 결과 체내 수정을 하는 암컷이 알이 부화되거나 새끼가 태어나는 시점까지 투자하는 양을 수컷과 비교할 때 나타나는 차이는 체외 수정을 하는 암컷이 수정되지 않은 난자를 체외로 방출하는 시점까지 투자하는 것을 수컷과 비교한 것보다 훨씬 커진다. 인간의 경우를 예로 들어 보자. 9개월의 임신 기간이 끝날 때까지 어머니는 아기에게 어마어마한 시간과 에너지를 투자하는 반면 아버지의 투자는 어떠한가? 고작 성관계를 하는 데 들인 몇 분의 시간과 1밀리리터의 정액에 지나지 않는다.

이처럼 수정란에 대한 암컷과 수컷의 투자가 균등하지 않기 때문에 어미로서는 태어난, 혹은 부화된 새끼를 보살피는 일을 내팽개쳐 버리기 어려워진다. 그 보살핌은 여러 가지 형태로 나타날 수 있다. 포유류 암컷이 새끼에게 젖을 먹이는 행위, 암컷 악어가 알을 지키고 보호하는 행위, 비단뱀의 암컷이 알을 품는 행위 등이 그 예이다. 그러나 앞으로 보게 되겠지만 수컷으로 하여금 배짱부리는 것을 그만두게 하고 암컷과 함께 육아에 참여하게 하거나, 혹은 전적으로 홀로 육아를 떠맡도록 만드는 상황도 존재한다.

나는 앞서 부모가 새끼를 돌볼지 말지를 '선택'하는 데 세 가지 요소가 관여한다고 말했다. 그리고 새끼에 대한 투자의 정도는 그중 한 요소일 뿐이라고 했다. 두 번째 요소는 얼마나 많은 기회를 상실하게 되는지의 여부이다. 자, 여러분이 갓 태어난 당신의 자식을 바라보면서 이제부터 주어진 시간 동안 무엇을 해야 나의 유전적 이익이 극대화될지를 냉철하게 계산한다고 가정해 보자. 여러분 눈앞의 자식은 여러분의 유전자를 가지고 있다. 그리고 여러분이 이 아이 주변에 머물면서 보호해 주고 먹여 줄 경우, 아이가 살아남아 여러분의 유전자를 영속케 할 가능성은 당연히 커질 것이다. 배우자 혼자 아이를 돌보도록 내팽개치고 돌아서는 것보다 여러분 역시 아이를 돌보는 데 참여하는 쪽이 여러분의 이익을 극대화시켜 줄 것이다. 그러나 한편으로 여러분이 아이를 돌볼 시간 동안 다른 상대를 만나 훨씬 많은 자손을 퍼뜨릴 수 있다면 당연히 지금의 배우자와 아이를 버리고 떠나는 것이 이익이 될 것이다.

자, 이제 수정란을 만들기 위해 방금 짝짓기를 하고 난 어미와 아비 동물의 상황을 생각해 보자. 만일 짝짓기가 체외 수정의 형태라면 어미나 아비 모두 그 후 자동적으로 수정란에 속박되지는 않는다. 이론적으로는 양쪽 부모 모두 다른 짝을 만나 더 많은 수정란을 만들기 위해 떠날 수 있다. 지금 막 수정된 알은 분명 추가적인 보살핌을 필요로 할 수도 있다. 그러나 이때 어미와 아비 모두 상대방이 알아서 돌보겠거니 하고 배짱을 부리고 떠날 수 있는 동등한 위치에 있다. 그러나 체내 수정의 경우 상황은 달라진다. 암컷은 임신한 상태로 새끼나 알을 낳을 때까지 수정란에 영양분을 공급하지 않으면 안 된다. 포유류의 경우라면 암컷은 태어난 새끼에게 젖을 먹여야 하므로 더 오랜 시간을 바쳐야 한다. 수유 기간 동안에는 다른 수컷과 교미를 하는 것이 유전적 관점에서 아무런 도움이 되지 않는다. 이 기간 동안에는 어차피 임신이 되지 않기 때문이다. 다시 말해 어미는 새끼를 돌보는 데 전력을 다 한다고 하더라도 아무것도 잃을 것이 없다는 말이다.

그러나 자신의 정자 일부를 암컷의 몸 안에 지금 막 방출한 수컷의 경우 이야기는 달라진다. 돌아서서 다른 암컷에게 또다시 자신의 정자를 주입하고, 그럼으로써 잠재적으로 더 많은 자손을 만들어 낼 수 있기 때문이다. 예를 들어서 남자 1명이 한 번 사정할 때 약 2억 개의 정자가 방출된다.(최근 수십 년 동안 정자 수가 줄어든 것을 감안한다고 하더라도 적어도 수천만 개는 나온다고 볼 수 있다.) 지금 관계를 가졌던 여성이 임신하고 있는 기간인 280일 동안 28일에 한 번 꼴로 사정을 한다고 하면——대부분의 남자들이 아무 문제없이 달성할 수 있는 빈도일 것이다.'──그는 약 20억 명쯤 되는 지구상의 성인 여성들 모두에게 하나씩 나눠 주기에 충분한 수의 정자를 방출할 수 있다. 이것이 바로 한 여자를 임신시키고 나서 즉시 등을 돌리고 다른 여자를 찾아 떠나는 남성들의 행동을 설명해 줄 진화론적 논리이다. 따라서 자신의 아이를 키우는 데 전념하는 남성은 엄청난 잠재적 가능성을 포기해 버리는 셈이다. 이와 비슷한 논리가 체내 수정을 하는 수많은 다른 동물들에게도 적용된다. 수컷에게 주어지는 그러한 가능성이 바로 암컷 홀로 새끼를 돌보는 압도적인 경향에 기여하는 것이다.

그 다음 남아 있는 요소는 자신의 자식 혹은 새끼인지에 대한 확신 문제이다. 만일 수정란 또는 태아에게 시간과 노력과 영양분을 투자하려면 일단 그 수정란이 자신의 것인지 확실히 해 둘 필요가 있을 것이다. 만일 공을 들여 투자한 수정란이 실은 다른 이에 의해 만들어진 것으로 드러난다면 그는 진화 게임에서 패자가 될 것이다. 자신의 경쟁자의 유전자를 전달하기 위해 애를 쓴 셈이 되니까 말이다.

인간의 여성을 비롯하여 체내 수정을 하는 다른 암컷 동물들은 새끼가 자신의 것인지에 대해 의심할 여지가 없다. 난자가 들어

있는 여성 혹은 암컷의 몸속으로 정자가 들어와서 수정이 이루어
지기 때문이다. 그런 다음 얼마간 시간이 흐른 후 아기 또는 새끼
가 밖으로 나오게 된다. 다른 여성 혹은 암컷의 아기 또는 새끼와
뒤바뀔 가능성은 전혀 없다. 따라서 어머니 또는 어미로서는 자신
의 몸에서 나온 아기 또는 새끼를 돌보는 것은 매우 안전한 진화론
적 내기인 셈이다.

　그러나 포유류의 수컷이나 그밖에 체내 수정을 하는 동물의
수컷은 새끼가 자신의 것이라는 사실에 대해 암컷과 같은 수준의
확신을 가질 수 없다. 수컷은 물론 자신의 정자가 암컷의 몸속으로
들어갔다는 사실을 알고 있다. 그리고 얼마간 시간이 흐른 후 그
암컷의 몸에서 새끼가 태어난다. 그러나 자신이 보지 않는 동안 암
컷이 다른 수컷과 교미를 했는지 안 했는지 어떻게 알 수 있을까?
암컷의 난자를 수정시킨 것이 자신의 정자인지 다른 수컷의 정자
인지 어떻게 확실히 알 수 있을까? 이러한 불가피한 불확실성 앞
에서 대부분의 포유류 수컷이 내린 진화론적 결론은 교미가 끝난
후 되도록 재빨리 내빼 버리는 것이다. 그리고 좀 더 많은 암컷들
을 임신시켜 자신의 새끼를 기르도록 만드는 것이다. 자신이 교미
한 암컷 혹은 암컷이 실제로 자신의 새끼를 배고 그들 혼자 그의 새

끼를 성공적으로 길러 내기를 희망하면서 말이다. 수컷에게는 새끼를 돌보는 것이 진화론적으로 불리한 도박인 셈이다.

그러나 우리 모두 알다시피 일부 종의 경우 수컷이 교미 후 떠나 버리는 일반적인 패턴에 대하여 예외를 보인다. 그 예외는 대개 세 가지 경우로 요약할 수 있다. 첫째, 체외 수정을 하는 종이다. 암컷이 수정되지 않은 난자를 몸 밖으로 배출하면 그 근처에서 맴돌고 있거나 암컷을 붙잡고 있던 수컷이 알 위에 자신의 정자를 뿌린다. 그런 다음 수컷은 즉시 그 알들을 감싸안아 다른 수컷들이 그 위에 정자를 뿌려 혼란스러운 상황을 만드는 것을 예방한다. 그런 다음 수정된 알의 아버지가 자신이라는 사실에 완전한 확신을 가지고서 그 알들을 돌본다. 이것은 수정 후 수정란을 돌보는 일을 혼자 떠맡는 일부 물고기와 개구리의 수컷에 프로그램된 진화론적 논리이다. 예를 들어 산파개구리(midwife toad, *Alytes obstetricans*)는 수정된 알을 자신의 뒷다리 주변에 달고 다님으로써 그 알들을 보호한다. 유리개구리(glass frog, *Centrolenella valerioi*)의 수컷은 물 위로 올라온 풀에 알을 부착시켜 부화된 올챙이가 물 속으로 떨어질 수 있도록 하고 그 알들을 지켜본다. 큰가시고기의 수컷은 자신의 만든 둥지 속에 알을 넣어서 다른 물고기들의 먹이가 되지 않도록 보호한다.

교미 후 수컷이 떠나 버리는 일반적인 패턴에 대한 두 번째 종류의 예외는 성역할 역전 일처다부제(sex-role-reversal polyandry)라는 매우 긴 이름을 가진 놀라운 현상이다. 이름이 암시하듯 이러한 행동은 몸집이 큰 수컷들끼리 더 많은 수의 암컷을 거느리기 위해 서로 피터지게 싸우는 일반적인 일부다처제의 생식 체제의 반대라고 할 수 있다. 성역할 역전 일처다부제에서는 몸집이 큰 암컷들이 작은 몸집의 수컷들로 이루어진 하렘을 거느리기 위해 서로 맹렬하게 경쟁한다. 암컷은 자신이 거느린 수컷 한 마리, 한 마리에게 차례로 한 배의 알을 낳아 준다. 그러면 수컷은 알을 품고 깨어난 새끼를 키우는 대부분의 일을 혼자 떠맡는다. 이와 같은 암컷 술탄의 가장 잘 알려진 예는 물가에 사는 새인 연각(蓮角, jacana, *Coccothraustes vespertinus*), 점박이도요, 큰지느러미발도요(Wilson's Phalarope, *Phalaropus tricolor*) 등이다. 예를 들어서 10마리 정도의 지느러미발도요 암컷의 무리가 한 마리의 수컷을 쫓아 수 킬로미터를 경주하듯 날기도 한다. 이 경주의 승리자가 된 암컷은 자신이 획득한 수컷을 싸고돌며 감시해서 자신을 제외한 다른 암컷과 관계를 갖지 못하도록 하고, 그 수컷과의 관계에서 태어난 새끼를 수컷으로 하여금 키우도록 만든다.

성역할 역전 일처다부제는 분명 성공적인 여성, 혹은 암컷에게 있어서 진화적 꿈의 실현으로 보인다. 이 경우 여성 혹은 암컷은 혼자서, 혹은 배우자의 도움을 받아 기를 수 있는 수의 자손보다 훨씬 더 많은 자손들에게 자신의 유전자를 물려주어 성의 전쟁에서 승자가 될 수 있다. 이때 암컷은 알을 낳을 수 있는 자신의 잠재력을 완전히 이용할 수 있으며 이때 넘어야 할 장애물은 단지 아비 역할을 맡을 수컷을 놓고 경쟁할 다른 암컷들을 물리치는 일뿐이다. 그렇다면 대체 어떻게 이러한 전략이 진화될 수 있었을까? 왜 도요새나 물떼새 종류 가운데 일부의 수컷은 성의 전쟁에서 패배해서 여러 마리의 수컷들이 한 마리 암컷의 공동 '남편' 노릇을 하게 되었을까? 거의 대부분의 다른 종의 새의 수컷들은 그러한 운명을 피해 가고 심지어 그 반대인 일부다처제를 누리고 사는데 말이다.

그에 대한 설명은 이 물가에 사는 새들의 생식에 관련된 특이한 생물학적 특성에서 찾을 수 있다. 이 새들은 한 번에 단지 4개의 알을 낳는다. 그리고 이들은 조성조(早成鳥)이기 때문에 알에서 부화된 새끼들이 곧 수준 높은 활동을 할 수 있다. 알에서 깨어날 때 이미 새털로 덮여 있고 눈도 뜬 상태이며 달릴 수도 있고 스스로 먹이를 찾을 수도 있다. 부모는 새끼들에게 먹이를 물어다 줄 필요가 없으며 단지 위험으로부터 보호해 주고 따뜻하게 유지해 주는 정도로만 돌봐주면 된다. 이러한 일은 부모 중 어느 한쪽만으로도 충분히 해 낼 만하다. 한편 다른 종의 새들의 경우 새끼를 먹이고 돌보는 데에는 양쪽 부모의 노력이 모두 필요하다.

그러나 알에서 깨어나자마자 달릴 수 있는 새의 경우 그렇지 못한 다른 새들에 비해서 알 속에서 더 많은 발달이 이루어져야 한다. 이 경우 알의 크기가 특별히 커야 한다. (우리가 흔히 보는 비둘기의 경우 일반적으로 크기가 작은 알을 낳고 알에서 깨어난 새끼는 부모의 도움 없이 살아갈 수 없는 무기력한 상태이다. 양계업자들이 왜 커다란 알을 낳는 조성조를 선호하는지 이해할 수 있을 것이다.) 점박이도요의 경우 알 하나의 무게가 제 어미 몸무게의 5분의 1가량 된다. 이 새는 보통 한 번에 4개의 알을 낳는데 4개의 알의 무게를 모두 합치면 어미 몸무게의 80퍼센트가 된다. 비록 일부일처제의 관행을 가진 물가에 사는 새의 암컷들은 배우자인 수컷보다 조금 더 몸 크기가 크게 진화되기는 했지만 그토록 커다란 알을 생산해 내는 것은 여전히 힘에 부친 일이다. 암컷의 이러한 노력의 결과로서 이미 활동 능력을 갖춘 채로 태어나는 새끼를 돌보는, 그다지 힘들지 않는 수고를 배우자인 수컷이 떠맡을 경우 그 수컷은 장단기적으로 상당한 이익을 얻게 된다. 수컷이 새끼를 돌보는 동안 배우자인 암컷은 알을 낳느라 기진맥진해진 몸을 회복시키고 살찌울 수 있게 되니 말이다.

수컷이 누릴 단기적 이익은 첫 번째 배에서 나온 알 또는 새끼가 포식자에 의해 희생된 경우 몸이 회복된 암컷이 재빨리 수컷을 위해 새로운 배의 알을 낳아 줄 수 있다는 점이다. 이것은 상당한 이점이 아닐 수 없다. 왜냐하면 물가에 사는 새들은 땅바닥 위에 둥지를 틀기 때문에 알과 새끼를 잃어버리는 빈도가 엄청나게 높기 때문이다. 예를 들어서 1975년에 미네소타 주에서 조류학자인 루이스 오링(Lewis Oring)이 연구한 점박이도요의 개체군 전체의 둥지를 밍크 한 마리가 모두 파괴해 버린 적도 있었다. 파나마에서 실시되었던 연각에 대한 연구에 따르면 52개의 둥지 가운데 44개가 훼손되었다.

암컷이 기력을 회복하도록 놓아두는 것은 수컷에게 장기적인 이익도 가져다준다. 암컷이 한 차례의 번식기에서 완전히 탈진하지 않을 경우 다음 번식기까지 살아남을 확률이 더 높아진다. 그때 수컷은 자신의 배우자였던 암컷과 또다시 짝짓기를 할 수 있다. 사람과 마찬가지로 이미 짝짓기 경험을 공유한 한 쌍은 새로 만난 쌍에 비해서 더욱 조화로운 관계를 이룩할 수 있고 그 결과 성공적으로 새끼를 낳아 기를 수 있다.

그러나 인간 남성도 그러하겠지만, 미래의 보상을 염두에 두고 호의를 베푸는 수컷은 위험을 감수해야 한다. 일단 수컷이 양육 책임을 혼자 떠맡으면 그때부터 암컷은 앞길이 뻥 뚫린 셈이다. 자신에게 주어진 자유로운 시간 동안 무엇이든 마음껏 할 수 있는 것이다. 어쩌면 새끼를 보살피는 수컷에게 보답하는 마음으로 그 곁에 머무르다가 첫 배에서 나온 알이나 새끼가 다치게 될 경우 그것을 대신할 새로운 배의 알을 낳아 줄지도 모른다. 그러나 한편으로 암컷은 자신만의 이익을 추구할 수도 있다. 다른 한가한 수컷을 찾아 새로운 배의 알들을 낳고 그 수컷으로 하여금 그 새로운 알들을 키우도록 할 수도 있다. 만일 처음 낳은 알들이 훼손되지 않고 남아서 첫 번째 짝의 보호의 손길을 계속 필요로 하게 된다면 이 암컷의 일처다부제적 전략은 자신에게 2배의 유전적 결실을 가져다주는 셈이다.

당연한 이야기겠지만 다른 암컷들도 모두 같은 생각을 할 테고 따라서 암컷들은 부족한 수의 수컷을 놓고 서로 경쟁하는 상태가 될 것이다. 그리하여 번식기가 진행됨에 따라 대부분의 수컷들은 첫 배에서 나온 알들을 돌보느라 매인 몸이 되고 양육 책임을 더 이상 받아들일 수 없는 상태가 된다. 점박이도요와 큰지느러미발도요의 경우 비록 성숙한 수컷과 암컷의 수는 같지만 짝짓기를 할 수 있는 수컷에 대한 암컷의 비율은 1대 7까지 치솟게 된다. 이와 같은 잔인한 상황은 성역할 역전을 더욱더 극단적으로 밀어붙이게 된다. 암컷은 안 그래도 큰 알을 낳기 위해 수컷보다 몸이 조금 더 커지도록 진화되었는데 이제 다른 암컷과의 몸싸움에서 이기기 위해 더욱더 몸이 커지게 되었다. 뿐만 아니라 암컷은 알이나 새끼 돌보는 일은 집어치워 버리고 수컷에게 구애하는 데 모든 힘을 바치게 되었다.

따라서 확연히 구분되는 물떼새들의 생물학적 특징, 특히 새끼들이 활동 가능한 상태로 부화되고, 한 배에 낳는 알의 수는 적지만 크기는 크며, 땅 위에 둥지를 트는 습성, 포식자에 의한 알의 손상이 심각한 상황 등이 수컷으로 하여금 홀로 양육 책임을 떠맡도록 하고 암컷은 양육 책임에서 벗어나 자유로워지도록 만들어 주었던 것이다. 그렇다고 하더라도 대부분의 물떼새 암컷들이 모두 이러한 일처다부제의 기회를 이용하는 것은 아니다. 예를 들어서 북극에 사는 대부분의 도요새 종들은 번식기가 매우 짧아서 두 번째 배의 새끼를 키울 시간적 여유가 없다. 오직 열대의 연각이나 점박이도요와 같은 적은 수의 종들만이 빈번하게, 혹은 일상적으로 일처다부제를 따른다. 비록 물떼새들의 성적 습성은 인간의 경우와 거리가 먼 것처럼 보이지만 한편으로 우리에게 시사하는 바가 크다. 왜냐하면 이 새들의 사례야말로 이 책의 주된 메시지를 보여 주기 때문이다. 어떤 종의 성적 습성은 그 종의 다른 생물학적 측면에 따라 형성된다는 점이다. 우리로서는 우리 자신보다는 윤리적 잣대를 들이댈 필요가 없는 물떼새를 통하여 이러한 결론에 도달하기가 더 쉽다.

수컷이 양육 책임을 내던지고 암컷 혼자 새끼를 돌보는 일반적인 패턴에 대한 예외 중 나머지 하나는 바로 우리 인간의 경우와 같이 체내 수정을 하지만 그 결과 태어난 자손을 부모 중 어느 한쪽이 혼자 돌보는 것이 매우 힘들거나 거의 불가능한 경우이다. 부모 중 어느 한쪽이 새끼를 돌보는 동안 나머지 한쪽이 먹을 것을 구해 오고, 영역을 지키고, 어린 것을 가르쳐야 할 수도 있다. 이러한 종의 경우 암컷은 수컷의 도움 없이 혼자서 새끼를 먹이고 보호할 수 없을 것이다. 수컷으로서는 임신한 짝을 버리고 다른 암컷을 찾아 나서는 것이 진화 측면에 있어서 아무런 이익도 가져다주지 못한다. 왜냐하면 새끼가 굶어죽고 말 테니까 말이다. 따라서 자신의 이익을 위해 수컷은 임신한 암컷 곁에 머무르고 암컷 역시 수컷 곁에 머무르게 된다.

이러한 상황은 북아메리카와 유럽 지역에 서식하는 대부분의 새들에서 찾아볼 수 있다. 수컷과 암컷은 일부일처 관계로 짝을 짓고 새끼를 기르는 일을 함께한다. 또 우리가 잘 알다시피 인간의 경우도 대략 이러한 방식을 따른다고 볼 수 있다. 슈퍼마켓에서 쇼핑을 하고, 보모를 고용할 수 있는 오늘날의 사회에서조차 혼자서 아이를 키우는 일은 보통 일이 아니다. 과거 수렵 · 채집 사회에서는 어머니나 아버지 중 어느 한쪽을 잃은 아이는 살아남을 확률이 아주 낮았다. 자신의 유전자를 후대에 물려주고자 하는 어머니와 아버지는 자식을 기르는 것이 스스로의 이익에 부합한다는 사실을 발견하게 되었다. 따라서 대부분의 남성이 자신의 배우자와 아이들에게 음식과 집을 제공하고 보호해 주었다. 그 결과 우리 인간의 사회 체제는 일부일처제를 따르는 부부, 또는 이따금씩 부유한 남성과 여러 여성의 하렘에 바탕을 둔 결혼 양식을 만들게 되었다. 고릴라, 긴팔원숭이, 그밖에 수컷이 양육에 참여하는 다른 소수의 포유류의 경우 모두 근본적으로 같은 상황이라고 볼 수 있다.

그러나 부모가 공동으로 양육 책임을 떠맡는 것으로 성의 전쟁이 평화롭게 매듭지어지는 것은 아니다. 공동 육아를 통해 어미의 이익과 아비의 이익 사이의 갈등이 조화롭게 합치되는 것이 아니기 때문이다. 왜냐하면 새끼 혹은 아이가 태어나기 전까지 양쪽 부모가 투자하는 정도가 같지 않기 때문이다. 수컷이 양육에 참여하는 포유류나 조류 종 가운데에서도 상당히 많은 수컷들이 되도록이면 새끼 돌보는 일을 피해 나가면서도 자신의 새끼들이 어미 새의 노력에 의해 살아남도록 만들기 위해 안간힘을 다 한다. 수컷들은 또한 틈만 나면 다른 수컷의 짝인 암컷을 임신시킬 궁리를 한다. 그렇게 함으로써 오쟁이 진 불운한 수컷으로 하여금 남의 새끼를 제 새끼인줄 알고 키우도록 만드는 것이다. 그 결과 수컷들은 자신의 짝이 혹시 외도를 하지 않을까 편집증적으로 신경을 쓰게 된다.

공동 양육에 내재된 암컷과 수컷의 갈등에 대한 전형적인 예는 바로 널리 연구된 알락딱새(Pied Flycatcher, *Ficedula hypoleuca*)에서 찾아볼 수 있다. 유럽에 서식하는 알락딱새의 수컷들은 대부분 명목상으로는 일부일처제를 따른다. 그러나 많은 수컷들이 일부다처제를 시도하고 일부는 성공을 거둔다. 거듭 이야기하지만, 인간의 성에 대해 다루는 이 책에서 몇 쪽 정도를 새에 관련된 다른 예에 할애하는 것도 좋은 방법이 될 것이다. 왜냐하면 일부 새들의 행동은 놀랄 만큼 우리 인간의 행동과 비슷한데, 그러면서도 새이기 때문에 도덕적 분노를 불러일으키지 않으니 말이다.

알락딱새 수컷의 일부다처의 꿈은 다음과 같이 이루어진다. 봄이면 수컷은 둥지를 틀 나무 구멍을 찾아다닌다. 그래서 좋은 구멍을 찾아내면 그 주변의 영토를 자신의 것으로 선언하고 주위를 경계하면서 암컷에게 구애를 한다. 구애에 성공하면 암컷과 교미를 하고 이 암컷은 둥지에 알을 낳는다. 이 암컷을 편의상 첫째 부인(primary female)이라고 부르자. 수컷은 첫째 부인이 자신의 알을 임신하고 있으며, 알을 낳은 후에는 알을 품느라 바쁠 것이고, 그 결과 다른 수컷에게 관심을 돌릴 여지가 없으며, 설사 돌린다고 하더라도 알을 낳고 한동안은 임신할 수 없는 상태라는 사실에 완전한 확신을 갖게 된다. 그래서 수컷은 근처에 있는 또 다른 나무 구멍을 찾아내 또 다른 암컷에게 수작을 걸어 교미를 한다. 이 암컷을 편의상 둘째 부인(secondary female)이라고 부르자.

이 둘째 부인이 알을 낳기 시작하면 수컷은 그 알 역시 자신의 자손이라는 사실에 확신을 갖게 된다. 그리고 그 무렵 첫째 부인이 낳은 알들이 부화하기 시작한다. 그러면 수컷은 첫째 부인에게로 돌아와 그 알에서 깨어난 새끼들에게 먹이를 물어다 주는 데 자신의 에너지 대부분을 바친다. 그리고 둘째 부인이 낳은 알에서 깨어난 새끼들을 먹이는 데에는 그보다 덜 힘을 쏟거나 아니면 아예 돌보지 않는다. 통계적 수치가 이 잔인한 현실을 극명하게 보여 준다. 수컷은 첫째 부인의 둥지에는 평균적으로 1시간에 14번 먹이를 물어다 준다. 그러나 둘째 부인의 둥지에 물어다 주는 횟수는 7번에 그칠 뿐이다. 주위에 나무 구멍이 충분히 널려 있는 경우 대부분의 유부남 수컷들이 둘째 부인을 거느리려고 하며 약 39퍼센트가 성공을 거둔다.

이 시스템은 명백하게 승자와 패자를 낳는다. 알락딱새의 암수 비율은 대체로 동일하고 대부분의 암컷은 1마리의 수컷과 짝을 짓기 때문에 수컷 1마리가 2마리의 암컷을 거느리게 되면 다른 수컷 1마리는 짝 없이 살게 된다. 가장 큰 승자는 일부다처식 짝짓기에 성공한 수컷들이다. 일부일처식 가정을 이룬 수컷들이 연평균

5.5마리의 새끼를 얻는 데 비해 일부다처식 수컷들은 첫째 부인과 둘째 부인의 새끼들을 모두 합쳐서 평균 8.1마리의 새끼를 얻는다. 중혼을 하는 수컷들은 대개 나이가 더 많고 몸집도 더 큰 녀석들이다. 이들은 가장 좋은 서식처에서 가장 좋은 영토에 있는 가장 좋은 나무 구멍을 찾아내고 그것을 성공적으로 지켜 낼 능력이 있다. 그 결과 이 수컷의 새끼들은 다른 수컷의 새끼들보다 몸무게가 평균 10퍼센트 정도 더 나가는 것으로 나타났다. 이처럼 몸집이 더 큰 새끼들은 작은 새끼들에 비해서 살아남을 확률도 더 높아지게 된다.

이 시스템에서 가장 큰 패자는 짝을 짓지 못한 수컷들이다. 이들은 부인을 하나도 두지 못하고 그 결과 자손도 얻지 못한다.(적어도 이론상으로는 말이다. 이에 대해서는 나중에 다시 다룰 것이다.) 또 다른 패자는 바로 둘째 부인이 된 암컷이다. 이들은 새끼들을 먹여 살리는 데 있어 첫째 부인보다 훨씬 더 큰 노력을 들여야만 한다. 첫째 부인이 평균적으로 1시간에 13번 먹이를 둥지로 물어 나르는 데 비해 둘째 부인은 20번 먹이를 물어 나른다. 이처럼 고된 일에 지치다 보니 둘째 부인은 더 일찍 죽을 가능성이 높다. 둘째 부인은 이처럼 초인적인 노력을 기울이지만, 양쪽 부모가 함께 힘을 합쳐서 여유 있게 먹이를 물어 오는 경우를 도저히 따라가지 못한다. 그러므로 새끼들 중 일부는 굶주리게 되고 그 결과 둘째 부인의 둥지에서는 첫째 부인의 둥지에 비해서 살아남는 새끼의 수가 더 줄어든다.(평균 3.4마리 대 5.4마리.) 뿐만 아니라 둘째 부인이 키운 새끼들은 운 좋게 죽지 않고 자라난다고 할지라도 몸집이 더 작다. 그렇기 때문에 추운 한겨울이나 이동 중에 살아남기가 더욱 어려워진다.

　　이러한 잔인한 통계적 현실을 마주할 때 도대체 어떤 암컷들이 '첩'의 운명을 받아들이겠느냐는 의문이 들지 않을 수 없다. 생물학자들은 둘째 부인들이 그와 같은 운명을 선택하는 이유에 대해서 이렇게 추측했다. 잘난 수컷의 숨겨 놓은 여자가 되는 편이 보잘 것 없는 영토를 지닌 못난 수컷의 단 하나뿐인 부인이 되는 것보다 낫기 때문이라는 것이다.(이것은 돈 많은 유부남이 처녀를 꾈 때 흔히 하는 말과 비슷하다.) 그러나 실제로는 둘째 부인은 모든 사실을 알고 자신의 운명을 받아들이는 것이 아니라 속아서 그렇게 되는 것으로 드러났다.

　　이러한 속임수의 핵심은 바람을 피우는 수컷이 자신의 첫 번째 둥지에서 적어도 200미터 이상 떨어진 곳에 딴살림을 차리는 것이다. 그의 첫 번째 둥지와 두 번째 둥지 사이에는 다른 수컷들

의 영토가 있다. 유부남 수컷이 자신의 둥지 근처에 있는 여남은
개의 빈 나무 구멍을 내버려 두고 멀리 떨어진 둥지를 택해 그 곳에
딴살림을 차린다는 것은 참으로 놀라운 일이 아닐 수 없다. 가까운
곳에 제2의 둥지를 튼다면 두 집 살림을 하느라 오가는 시간을 줄
일 수도 있고 그 결과 새끼들에게 먹이를 물어 나르는 데 더욱 여유
를 가질 수 있고 자신이 둥지를 비우는 동안 배우자인 암컷이 다른
수컷과 바람을 피우는 것을 예방하기에도 더욱 좋을 텐데 말이다.
따라서 유부남 수컷이 자기 둥지에서 가까운 곳 놔두고 멀리 떨어
진 곳에 새 둥지를 트는 이유는 자신이 유부남이라는 사실을 속이
고 유혹하려는 암컷에게 첫 번째 둥지의 존재를 감추기 위한 것임
이 거의 확실하다. 삶의 절박한 상황은 특히 암컷 알락딱새가 속아
넘어가기 쉽도록 만든다. 만일 암컷이 알을 낳은 후에 수컷이 이미
다른 둥지를 가진 유부남인 사실을 알아챘다고 하더라도 이미 너
무 늦은 상태이고 손쓸 도리가 없게 된다. 더 나은 다른 수컷을 찾
아 새로운 가정을 꾸리느니 그저 자신이 낳은 알을 지키는 편이 더
나을 것이다.(그 수컷 역시 진짜 총각일지 유부남일지 누가 안단 말인가?)

　　그 외에 수컷 알락딱새가 선택할 수 있는 또 다른 전략이 있는
데 남성 생물학자들은 이것을 도덕적으로 중립적(neutral)으로 들

리는 "혼합 생식 전략(mixed reproductive strategy, 줄여서 MRS)"이라는 용어로 부른다. 이 용어의 의미는 짝을 가진 수컷 알락딱새들이 단순히 자신의 짝을 임신시키려고 할 뿐 아니라 다른 수컷의 배우자인 암컷을 임신시킬 기회를 노리고 있다는 것이다. 배우자인 수컷이 어디론가 떠나서 암컷 혼자 둥지를 지키고 있으면 다른 수컷이 그 암컷과 교미를 하려고 시도하고 많은 경우에 교미에 성공한다. 이때 침입자 수컷은 큰 소리로 지저귀며 암컷을 유혹하거나 아니면 아무 소리도 내지 않고 조용히 암컷 곁으로 다가선다. 대개 후자의 방법이 성공을 거두는 경우가 많다.

알락딱새의 이러한 외도 행각은 우리 인간의 상상력을 움찔하게 만든다. 모차르트의 오페라 「돈 조반니」의 1막에서 돈의 하인인 레포렐로(Leporello)는 돈나 엘비라(Donna Elvira)에게 돈 조반니가 스페인에서만 1,003명의 여자를 정복했다고 큰소리를 쳤다. 이 숫자는 어마어마한 것처럼 느껴지지만 우리 인간의 수명을 고려해 보면 그다지 놀랄 만한 것도 아니다. 만일 돈 조반니의 엽색 행각이 30년 동안 지속되었다고 가정한다면 그는 11일에 한 번씩 새로운 스페인 여자를 유혹했다는 이야기가 된다. 반면 수컷 알락딱새가 잠시 제 짝을 혼자 놔두고 둥지를 비우면 (예를 들어 먹이를 구하러) 평균 10분에 한 번씩 다른 수컷이 그의 영토에 들어오고 평균 34번에 한 번씩 침입자가 홀로 있는 암컷과 몰래 교미를 한다. 과학자들이 관찰한 알락딱새의 교미 가운데 29퍼센트가 혼외 정사(extra-pair corpulation, EPC)이고 알에서 태어나는 새끼들 가운데 24퍼센트는 다른 수컷의 새끼, 즉 혼외 정사의 결과물인 것으로 드러났다. 그리고 영토의 침입자이자 둥지의 안주인을 유혹한 정부는 대개 옆집 남자(인접한 영토의 수컷)인 것으로 나타났다.

이 게임에서 가장 비참한 패자는 바로 오쟁이 진 수컷이다. 그에게 있어서 EPC(혼외 정사)나 MRS(혼합 생식 전략)는 모두 진화적 재앙이 아닐 수 없다. 그는 자신의 짧은 일생 동안 주어지는 귀중한 번식기를 자신의 피 한 방울 섞이지 않은 새끼를 먹여 살리는 데 다 써 버리게 된다. 그렇다면 다른 짝 있는 암컷을 유혹해 혼외 정사를 갖는 데 성공한 침입자 수컷이야말로 진정한 승자로 보일 것이다. 그러나 조금만 생각해 보면 그 수컷의 대차대조표는 참으로 미묘하다고 할 수 있다. 그가 다른 암컷을 유혹하기 위해 제 둥지를 떠나 있는 동안 다른 수컷들이 그의 짝인 암컷에게 수작을 걸 기회가 늘어나기 때문이다. 둥지 주인인 수컷이 10미터 안에 있을 때 안주인인 암컷이 혼외 정사를 벌이는 경우는 매우 드물다. 그러나 수컷이 10미터 이상 떨어져 있게 되면 암컷의 외도 성공률은 급격하게 높아진다. 그렇기 때문에 자신의 영토 밖에서 많은 시간을 보내거나 둘 이상의 영토 사이를 오가는 수컷에게 있어서 혼합 생식 전략은 매우 위험한 전략이 아닐 수 없다. 일부다처제를 추구하는 수컷들은 모두 혼외 정사의 기회를 노린다. 그리고 평균적으로 25분에 한 번씩 작업에 들어간다. 그러나 한편으로 11분에 한 번꼴로 다른 수컷이 그의 영토에 몰래 숨어들어와 그의 둥지에 있는 암컷과 교미를 벌이려고 시도한다. 모든 혼외 정사 시도의 절반가량은 수컷이 다른 암컷에게 수작을 걸기 위해 둥지를 비운 사이에 일어난다.

이러한 통계적 사실로 미루어 볼 때 혼합 생식 전략이 알락딱새의 수컷에게 미덥지 못한 전략인 것으로 생각될 수도 있다. 그러나 수컷들은 상당히 영리해서 위험도를 최소화하는 대책을 강구해 놓았다. 즉 자신의 짝을 임신시키기 전까지는 둥지 주위에서 2, 3미터 밖으로 나가지 않고 부지런히 제 짝을 감시한다. 암컷이 임신을 하면 그때부터 밖으로 나돌아 다니며 엽색 행각을 벌이는 것이다.

자, 이제 동물의 세계에서 일어나는 성 전쟁의 다양한 결과에 대해 알아보았으니 우리 인간이 그 광범위한 양상의 어느 부분에 들어맞는지 생각해 볼 차례이다. 인간의 성적 습성은 다른 면에 있어서는 매우 독특하지만 양성의 대결이라는 측면에 있어서는 매우 평범하다. 인간의 성적 습성은 체내 수정을 통해 생식을 하고 자손을 양육하는 데 양쪽 부모의 노력이 모두 필요한 동물과 비슷하다. 그리고 체외 수정을 하고 부모 중 어느 한쪽만이 새끼를 돌보거나 어느 쪽도 돌보지 않는 동물들과는 크게 다르다.

인간의 경우 모든 다른 포유류와 브러시칠면조를 제외한 조류의 경우와 같이 갓 수정된 알(수정란)은 홀로 생존할 수가 없다. 사실 인간의 아이가 혼자 먹을 것을 찾아 먹고 스스로를 보호하게 되는 시점까지 걸리는 시간은 아무리 적게 잡아도 다른 어떤 동물 못지않게 길다. 심지어 대부분의 다른 동물보다 훨씬 더 길다. 그렇기 때문에 부모의 보살핌은 필수적인 것이 된다. 남아 있는 문제는 어느 부모가 그 양육 책임을 떠맡느냐, 혹은 양쪽 부모 모두 양육에 참여하느냐 하는 것이다.

동물의 경우 그 질문에 대한 답은 어미와 아비가 태아에게 각각 투자한 정도, 새끼를 양육하느라 잃어버리게 되는 기회, 태아가 자신의 자손인지에 대한 확신 여부에 따라 결정되는 것을 확인했다. 이 중 첫 번째 요소를 고려해 볼 때 인간의 어머니는 아버지에 비해 아이에게 더 많은 투자를 할 수밖에 없게 되어 있다. 수정이 이루어지는 시점까지만 해도 어머니가 제공하는 난자는 아버지가 제공하는 정자보다 훨씬 크다. 만일 한 번에 사정되는 정자 전체와 비교하자면 그 차이가 사라지거나 역전될 수도 있겠지만 말이다. 수정이 이루어진 후에 인간의 어머니는 9개월 동안 태아를 위해 시간과 에너지를 소비해야 한다. 그 다음 아이가 태어난 후에도 한동안 젖을 먹여야 한다. 지금으로부터 약 1만 년 전 농업이 시작되기 전 모든 인간 사회를 규정했던 수렵·채집식 생활 조건에서는 이 수유 기간이 약 4년 정도 지속되었다. 내 아내가 아이들에게 젖을 먹이던 동안 우리 집 냉장고에서 음식들이 얼마나 빠른 속도로 사라졌는지를 기억해 보면 인간의 수유는 에너지 측면에서 엄청나게 값비싼 활동인 것이 분명하다. 아이에게 젖을 먹이는 어머니의 1일 에너지 섭취량은 중등도 이상의 활동을 하는 대부분의 남성의 에너지 섭취량을 웃돌고 여자들 가운데에서 비교하자면 마라톤 선수 다음 자리에 놓이는 것으로 나타났다. 따라서 지금 막 수정이 이루어진 다음 여성이 침대에서 벌떡 일어나 남편, 혹은 애인의 눈을 똑바로 들여다보면서 "자, 이제 이 수정란이 살아남기를 바란다면 당신이 직접 돌보도록 해요. 왜냐고? 난 안 할 테니까." 라고 말하는 것은 상상할 수조차 없다. 어차피 남편, 혹은 애인은 말도 안 되는 공허한 큰소리라는 것을 알아차릴 테니까 말이다.

그 다음 자녀 양육에 대한 남성과 여성의 상대적 이익의 차이에 영향을 주는 두 번째 요소는 아이를 돌보느라 놓치게 되는 기회이다. 여성의 경우 임신 기간과 (예전의 수렵·채집 생활 양식 아래에서) 수유 기간 동안 어차피 다른 아이를 출산할 수가 없다. 예전의 수유 방식은 1시간 동안에도 여러 번에 걸쳐서 젖을 먹이는 방식이었고 그 결과 분비되는 호르몬의 작용으로 인해 대개 무월경 상태가 수년 동안 지속되었다. 그렇기 때문에 수렵·채집 사회에서는 대개 어머니들이 수년의 터울을 두고 아이들을 낳았다. 현대 사회에서 여성들은 출산 후 몇 달이 지나면 다시 임신을 할 수 있다. 그 이유는 모유 대신 분유를 먹이거나 아니면 모유 수유를 하더라도 편의상 몇 시간에 한 번씩 먹이기 때문이다. 그 경우에 곧 월경 주기가 재개된다. 그러나 모유 수유도 하지 않고 피임도 하지 않는 현대의 어머니라고 하더라도 1년 미만의 터울로 아이를 갖는 경우는 드물다. 그리고 일생 동안 여남은 명이 넘는 아이를 낳아 키우는 여성도 별로 없다. 평생 한 여성이 가장 아이를 많이 낳은 기록은 69명이다.(19세기 모스크바의 여인으로 그녀는 세 쌍둥이를 많이 낳았다.) 이것은 엄청나게 많은 수로 느껴지겠지만 다음에 언급할 남성들이 둔 자식의 수에 비하면 아무것도 아니다.

그 이유는 남편이 여럿이라고 해서 여성이 더 많은 아이를 낳을 수 있는 것도 아니며, 인간 사회 가운데에서 일처다부제를 따르는 사회도 거의 없기 때문이다. 많은 연구의 대상이 되었던 일처다부제를 시행하는 사회인 티베트 트레바(Tre-ba) 족의 경우 두 명의 남편을 둔 여성과 1명의 남편을 둔 여성의 평균 자녀 수를 비교해 보았을 때 차이가 나타나지 않았다. 트레바 족에서 일처다부제가 성행하는 이유는 땅의 소유권과 관련된 문제 때문이다. 트레바 족의 형제들은 종종 같은 여성과 결혼해서 그나마 작은 땅을 또 다시 형제끼리 나눠야 하는 상황을 예방한다.

따라서 자신의 자녀를 돌보기를 '선택'하는 여성은 그 선택으로 인해 다른 중요한 생식 기회를 잃어버린다고 보기 어렵다. 그러나 일처다부제적 습성을 지닌 지느러미발도요의 경우 사정이 다르다. 1마리의 수컷을 짝으로 가진 지느러미발도요 암컷은 평균 1.3마리의 새끼를 얻는 데 비해서 수컷 2마리를 거느리는 암컷은 2.2

마리, 그리고 3마리의 수컷을 배우자로 둔 암컷은 3.7마리의 새끼를 얻는 것으로 나타났다. 또한 여성의 생식 능력은 우리가 앞서 이야기한 바와 같이 이론적으로는 전 세계 모든 여성들을 임신시키기에 충분한 남성의 생식 능력과 커다란 차이가 있다. 트레바 족의 여성들은 일처다부제를 통해서 아무런 유전적 이익도 얻지 못하지만 일부다처제를 채택했던 19세기 모르몬교도 남성들의 경우 확실한 유전적 이익을 얻은 것으로 보인다. 모르몬교도 남성이 1명의 아내를 둘 경우 일생 동안 얻는 자녀의 수가 평균 7명인데 아내가 둘인 경우에는 16명, 아내가 셋인 경우에는 20명으로 크게 늘어났다. 그리고 평균 5명의 아내를 두었던 모르몬 교회의 지도자들은 25명의 자녀를 낳았다.

일부다처제가 가져다준 이러한 이익도 오늘날 중앙 집권적 사회에서 자신은 손도 대지 않고 자녀들을 키우는 데 필요한 모든 자원을 그러모을 수 있는 위치에 있는 왕자들이 퍼뜨린 씨앗에 비교하면 별 것 아닌 것으로 보일지도 모른다. 19세기 한 여행자가 특히 거대한 규모의 하렘을 거느리고 있는 하이데라바드의 니잠(Nizam of Hyderabad)이라는 인도 왕자의 궁전을 방문했다. 그런데 그가 체류하는 8일 동안 니잠 왕자의 부인 중 4명이 아이를 출산했으며 그 다음 주에는 추가적으로 9건의 출산이 예정되어 있었다. 일생 동안 얻은 자녀 수의 최고 기록을 보유한 사람은 피에 굶주린 이스마일(Ismail the Bloodthirsty)이라고 불렸던 모로코의 황제로 700명의 아들과 정확히 세지는 않았지만 그와 엇비슷할 것으로 예상되는 수의 딸을 낳았다. 이러한 숫자는 남성이 한 여성과 관계를 맺고 그 사이에서 태어난 아이를 돌보는 데 헌신하는 것은 다른 엄청난 기회들을 놓치는 것이라는 사실을 말해 주고 있다.

　남성이 자녀 양육에 참여하는 것이 여성에 비해 유전적으로 덜 보상받도록 만드는 마지막 요소는 아이가 자신의 친자인지에 대한 남성의 편집증적 의심이다. 체내 수정을 하는 모든 수컷들이 이러한 의심을 보인다. 자녀 양육에 참여하는 남성은 꿈에도 생각지 못하겠지만 어쩌면 라이벌의 유전자를 후대에 물려주는 데 일조할 위험을 감수하는 셈이다. 다양한 인간 사회에서 남성이 자신의 아내가 낳는 아이가 자신의 아이임을 확실히 해 두기 위해 아내가 다른 남자와 섹스를 할 기회를 제한하도록 한 수많은 끔찍한 관행들 뒤에 자리 잡은 진실이 바로 이러한 생물학적 사실이다. 결혼식 날 배달된 신부가 처녀인 것이 확인된 후에야 높은 신부값(bride price)이 치러지는 관행, 정을 통한 남녀 가운데 여성이 유부녀일 경우에만 적용되던(남성이 유부남인지는 따지지 않았다.) 전통적인 간통법, 젊은 여성을 거의 집안에 가두어 놓거나 외출 시에는 명목상 보호자인 샤프롱(chaperon)을 붙여 여성을 감시하던 관행, 여성의 성욕을 감소시키기 위해 자행되었던 여성 할례(음핵 절제), 남편이 멀리 떠나 있는 동안 아내가 다른 남자와 섹스할 수 없도록 대음순을 봉합해 버리던 관행 등이 그 예이다.

이 세 가지 요소——자녀에 대한 불가피한 투자의 차이, 아이를 키우느라 잃어버리게 되는 기회의 차이, 아이가 자신의 아이인지에 대한 확신의 차이——때문에 남자는 여자에 비해 훨씬 더 쉽게 자신의 배우자와 아이를 저버리게 된다. 그러나 인간 남성은 교미 후에 자신의 섹스 파트너가 알아서 자기 유전자의 생존을 위해 노력할 것이라는 사실에 확신을 가지고 유유히 떠나 버릴 수 있는 벌새나 호랑이나 다른 동물 종의 수컷과는 다르다. 인간의 아이는 사실상 부모 양쪽의 보살핌을 모두 필요로 한다. 특히 전통적인 사회에서는 그러했다. 5장에서 논의하겠지만 남성은 자녀 양육에서 눈에 보이는 것보다 훨씬 복잡한 기능을 수행한다. 전통 사회에서 수많은, 혹은 대부분의 남성들이 분명히 아이들과 배우자에게 상당한 서비스를 제공해 왔다. 일단 그는 아이에게 먹일 것을 구하고 가져다주었다. 그리고 맹수뿐만 아니라 아이의 어머니에게 성적으로 관심이 있는 다른 사내의 손아귀로부터 아이를 보호했다. 그러한 사내들은 잠재적 의붓자식인 아이를 자신의 유전적 과업의 걸림돌로 여길 테니 말이다. 그리고 아이를 위해 땅을 소유하고 그 땅의 생산물을 거두어들였다. 또한 집을 짓고, 밭을 갈고 그밖에 유용한 노동을 수행했다. 그리고 아이들, 특히 아들을 가르쳤다. 그러한 교육은 아이의 생존 기회를 증가시켰다.

　자녀 양육의 유전적 가치가 가진 성별에 따른 차이는 우리에게 매우 친숙한 , 혼외 정사에 대한 남녀의 서로 다른 태도로 이어진다. 전통 사회에서는 아이를 길러 내는 데 아버지의 노력이 크게 필요했기 때문에 남자 입장에서는 결혼한 여성과 혼외 정사를 벌이고 그 결과 태어난 자식을 여자의 남편이 자기 자식인 줄 알고 키울 경우 자신에게 이익이 되는 일이었다. 남자가 유부녀와 우연히 성적 관계를 맺을 경우 남성은 제 핏줄을 이어받은 자식의 수를 늘리게 되는 경향이 있지만 여성은 그러한 효과를 누리지 못했다. 이러한 결정적 차이는 혼외 정사를 한 남성과 여성의 동기의 차이에 반영되어 있다. 전 세계 다양한 사회에서 실시된 조사에 따르면 우연한 성관계나 짧은 기간 동안만 지속되는 관계를 포함한 성생활의 다양성(sexual variety)에 대해 여성보다 남성이 더 많은 관심을 나타내는 것으로 나타났다. 이러한 태도는 쉽게 이해할 수 있다. 왜냐하면 다양한 상대와 성관계를 갖는 것이 남자의 경우 유전자를 전달하는 데 도움이 되지만 여자의 경우 그렇지 않을 테니 말이다. 반면 혼외 정사를 갖는 여성의 동기는 대부분 결혼 생활에 대한 실망인 것으로 나타났다. 결혼 생활에 만족하지 못하는 여성이 오래 지속될 수 있는 관계를 새롭게 찾아나서는 것이다. 즉 여성은 자신의 남편보다 더 나은 자원이나 혹은 더 나은 유전자를 제공할 수 있는 남성과 새로운 결혼 관계를 맺거나 아니면 장기간 지속될 혼외 관계를 맺기를 원한다는 것이다.

오늘날 우리 남자들은 자녀 양육에 동참하라는 거센 요구를 받고 있다. 아이 어머니들이 아이에게 해 주는 거의 모든 일들을 우리 아버지들도 완벽하게 해 낼 수 있고 빠져나갈 구실도 거의 없는 형편이다. 그래서 1987년에 쌍둥이 아들이 태어났을 때 나는 당연히 기저귀 가는 법, 토한 것 치우는 법 등 아이 돌보는 법을 모두 배우고 익혔다.

그런데 내가 피할 수 있었던 일이 딱 하나 있었다. 그건 바로 아이에게 젖을 먹이는 일이었다. 나의 아내를 지켜본 바로는 아이에게 젖을 먹이는 일은 무척이나 힘든 일인 듯했다. 친구들은 나에게 호르몬 주사를 맞든지 해서 그 일도 좀 나누어 하라고 농담을 했다. 그러나 잔인한 생물학적 사실은 여자들의 특권의 마지막 요새 내지는 남자들의 마지막 도피처에서조차 성평등의 깃발을 올리고자 하는 사람들의 뜻을 거스르는 듯했다. 남자들은 분명 젖을 먹일 수 있는 해부학적 구조도 결핍되어 있고, 수유에 선행하는 임신 경험도 없으며, 젖이 나오게 하는 호르몬도 부족한 것으로 보이니 말이다. 1994년까지 지구상의 4,300종의 포유류 가운데 단 한 종도 정상적인 상황에서 수컷이 수유를 할지 모른다는 의심을 추호도 받아 본 일이 없다. 그러므로 수컷의 수유라는 현상은 존재하지 않는다는 것이 완전히 해결된 문제이고 더 이상의 논의는 필요치 않은 것으로 보였다. 그리고 인간의 성적 습성이 왜 그렇게 독특하게 진화되어 왔는지를 논의하는 책에서 그와 같은 문제를 다루는 것은 더욱더 불필요한 것으로 여겨졌다. 무엇보다도 이 문제의 결론은 진화론적 추론이 아니라 생리적인 사실에 의존하고 있으며 수컷이 아닌 암컷이 새끼에게 젖을 먹인다는 현상은 전혀 인간에게 국한된 독특한 현상이 아니라 모든 포유류에게서 나타나는 보편적인 현상으로 보이니 말이다.

　그러나 실상에 있어서는 남성의 수유 문제는 성의 전쟁이라는 우리의 논의에 완벽하게 맞아떨어지는 주제이다. 남성이 수유를 하지 못하는 이유는 엄격하게 생리학적 테두리 안에서 설명하기 어려우며 인간의 성적 습성을 이해하는 데 있어서 진화론적 고찰이 중요하다는 사실을 다시 한번 보여 주기 때문이다. 그렇다. 포유류 가운데 수컷이 임신할 수 있는 종은 하나도 없으며 포유류 수컷의 대부분은 정상적인 상황에서 젖이 나오지 않는 것은 사실이다. 그러나 우리는 그러한 사실로부터 한발 더 나아가서 왜 포유류는 수컷이 아닌 오직 암컷만 수유에 필요한 해부학적 신체 구조를 갖도록, 그리고 임신이라는 선행 조건을 충족하도록, 또한 수유에 필요한 호르몬이 분비되도록 하는 유전자를 갖게끔 진화되었는지에 대해 생각해 볼 필요가 있다. 비둘기의 경우 수컷과 암컷 모두 새끼들이 먹을 '젖'을 분비한다. 그렇다면 왜 인간의 남성은 비둘기와 달리 젖을 분비하지 못하는 것일까? 해마 중에는 암컷이 아니라 수컷이 임신을 하기도 한다. 왜 인간의 남성은 임신을 못하는 것일까?

　　그리고 임신을 수유의 선행 조건으로 삼는 것에 대해서도 의문을 제기할 필요가 있다. 많은(어쩌면 대부분의) 여성을 비롯한 포유류의 암컷들은 임신하지 않고도 젖을 생산할 수 있다. 그리고 일부 남성을 포함한 많은 포유류의 수컷에게서 유방의 발달이 나타나고 적절한 호르몬만 주어지면 젖을 분비하기도 한다. 어떤 조건에서는 상당수의 남성에게서 호르몬 주입 없이도 유방이 발달하고 젖이 분비되기도 한다. 특별한 처리 없이도 젖이 나오는 경우는 집에서 기르는 숫염소에서도 흔히 일어나는 일이었고 얼마 전 야생 포유류의 수컷에서 젖이 분비되는 현상이 발견되었다.

따라서 젖의 분비는 남성의 잠재적인 생리 현상의 테두리 안에 들어 있다고 볼 수 있다. 곧 논의하게 되겠지만 진화적 맥락에서 볼 때 젖의 분비는 다른 포유동물의 수컷보다 특히 현대의 남성에게 적합한 것일지도 모른다. 그러나 남성의 젖 분비는 어떤 면에서 보아도 정상적인 범주에 속하는 것은 아니고 또한 최근 보고된 한 가지 사례를 제외하고는 다른 포유류 종의 경우에도 정상적 현상으로 간주되지 않는다. 어쩌면 자연선택은 수유를 할 수 있는 남성을 선호했을지도 모를 텐데 왜 그러한 방식으로 진화가 이루어지지 않은 것일까? 그것이야말로 단순히 남성의 구조적 결핍만으로 대답할 수 없는 가장 중요한 질문인 것으로 드러났다. 남성의 수유 문제는 인간의 성적 습성의 진화와 관련된 모든 중요한 주제들의 완벽한 예가 되고 있다. 남성과 여성의 진화적 투쟁, 부자 관계 혹은 모자 관계에 대한 확신의 정도, 생식에 투자하는 정도의 남녀 간

차이, 어떤 종이 생물학적 대물림에 얼마나 큰 노력을 기울이는지 등이 모두 남성 수유 문제와 관련되어 있는 것이다.

　　이러한 주제를 탐구해 나가기 위해 나는 먼저 남자가 아이에게 젖을 먹인다는 생각 자체가 여러분에게 주는 거부감을 극복해야 한다. 우리가 무조건적으로 받아들인, 남성의 수유는 애초에 불가능하다는 가정 말이다. 남성과 여성의 유전적 차이, 특히 일반적으로 수유는 여성의 몫이라고 규정하게 된 그 차이는 생각보다 사소하고 가변적인 것으로 드러났다. 이 장은 남성의 수유 가능성을 여러분에게 보여 주고, 왜 이론적으로 가능한 그와 같은 현상이 현실로 이루어지지 못했는지에 대하여 논의할 것이다.

　　우리의 성은 궁극적으로 우리의 유전자에 뿌리를 두고 있다. 우리의 유전자는 염색체라고 하는 23쌍의 미세한 꾸러미로 묶여 있다. 이 염색체는 우리 몸을 이루는 모든 세포 안에 들어 있다. 23쌍의 꾸러미 중 한쪽은 어머니로부터, 다른 한쪽은 아버지로부터 비롯된 것이다. 인간의 23쌍의 염색체는 각각 번호를 붙일 수 있으며 모양의 차이로 서로 구분된다. 1번에서 22번까지의 염색체 쌍의 경우 각 쌍을 이루는 두 염색체가 현미경으로 들여다보았을 때 똑

같은 모양을 하고 있다. 오직 성염색체라고 부르는 23번 염색체 쌍의 경우에만 두 염색체의 모양이 서로 다르다. 그런데 그것도 남자의 경우에만 다를 뿐이다. 남자는 큰 염색체(X 염색체)와 작은 염색체(Y 염색체) 두 종류를 가지고 있다. 반면 여성의 23번 쌍은 두 개의 X 염색체로 이루어져 있다.

그렇다면 이 성염색체가 하는 일은 무엇일까? X 염색체상의 유전자 가운데 상당수는 성과 관련되지 않은 특징들을 규정하고 있다. 예를 들어서 빨간색과 초록색을 구분하는 능력도 X 염색체상의 유전자에 의해 결정된다. 그러나 Y 염색체는 정소의 발달을 명시하고 있는 유전자를 가지고 있다. 인간의 경우 수정되고 나서 5주가 되면 배아에 '양성 발달 가능(bipotebtial)' 성선(性腺)이 나타나기 시작한다. 이 성선은 나중에 정소 또는 난소로 발달하게 된다. 이 양다리를 걸친 성선은 Y 염색체가 존재하는 경우 수정 후 7주 정도 되었을 때에 고환으로 발달하기 시작한다. 그런데 Y 염색체가 존재하지 않는 경우 성선은 13주가 될 때까지 기다렸다가 그때부터 난소로 발달한다.

이것은 실로 놀라운 일이 아닐 수 없다. 사람들은 남성의 Y 염색체가 고환을 만들어 내고, 여성이 가진 또 하나의 X 염색체가 난소를 만드는 것이라고 생각했다. 그러나 실제로는 비정상적으로 1개의 Y 염색체와 2개의 X 염색체를 가지고 태어난 사람은 거의 대부분에 있어서 남성에 가깝게 성장하게 되고, 반면 X 염색체를 3개 또는 단 1개만 가지고 태어난 사람은 거의 여성에 가깝게 성장하게 된다. 따라서 우리의 양다리를 걸친 원시 성선은 별다른 방해를 받지 않을 경우 난소로 발달하고자 하는 자연적 경향을 가지고 있다고 말할 수 있다. 즉 Y 염색체가 개입해야만 비로소 원시 성선의 발달 경로가 고환으로 바뀌게 된다.

이 단순한 사실을 보고 사람들은 감정적으로 해석하고자 하는 유혹을 느낀다. 내분비학자인 앨프리드 조스트(Alfred Jost)는 "남성이 되는 것은 매우 길고, 험난하고, 위험한 모험이다. 이것은 마치 내재적으로 운명지워진 여성성에 대한 일종의 투쟁이라고 할 수 있다."라고 묘사했다. 남성우월주의자라면 여기에서 한발 더 나가서 남성이 되는 것은 영웅적인 것이고 여성이 되는 것은 그저 주어진 최소한의 조건에 편안하게 안주하는 것이라고 떠들어 댈지도 모른다. 반대로 어떤 사람은 여성성을 인간의 자연스러운 상태로 간주하고 남성은 단지 인류가 더 많은 여성을 만들어 내기 위한 대가로서 참아낼 수밖에 없는, 일종의 병적인 이상 상태라고 볼 수도 있다. 나는 그저 Y 염색체가 성선 발달의 목표 지점을 난소에서 고환으로 바꾸어 준다는 사실을 받아들일 뿐이다. 여기에 대하여 형이상학적 해석을 더할 생각은 없다.

그러나 고환만으로 남자가 되는 것은 아니다. 특히 음경과 전립선이 꼭 필요하다. 마찬가지로 난소만으로 여성이 되는 것이 아니다.(예를 들어 질이 있는 편이 큰 도움이 될 것이다.) 태아는 원시 성선 외에도 양성으로 발달할 수 있는 다른 조직들을 가지고 있는 것으로 나타났다. 그런데 원시 성선과 달리 이러한 구조는 Y 염색체의 직접적인 방향 지시에 따라 발달하는 것이 아니라 고환에서 만들어지고 분비되는 화학 물질로 인해 남성의 기관으로 발달하게 된다. 만일 고환에서 만들어지는 이러한 물질이 결핍될 경우 이 조직들은 여성의 기관으로 발달하게 된다.

예를 들어서 수정 후 8주째에 이르면 고환은 테스토스테론(testosterone)이라는 스테로이드 호르몬을 만들어 내기 시작한다. 그리고 만들어진 테스토스테론 가운데 일부는 이와 유사한 스테로이드인 디하이드로테스토스테론(dihydrotestosterone)으로 전환된다. 남성 호르몬이라고 불리는 이 스테로이드 물질들은 다양한 잠재력을 지닌 태아 체내의 구조(원기(原基))를 귀두, 음경간, 음낭 등으로 발달시킨다. 그런데 바로 이 구조가 남성 호르몬의 영향을 받지 않을 경우 음핵, 소음순, 대음순으로 발달한다. 태아는 또한 두 가지 종류의 관에 양다리를 걸친 채로 출발한다. 뮬러관(Mullerian duct)과 울프관(Wolffian duct)이 그 둘이다. 고환이 없는 경우에는 울프관은 쇠퇴되어 사라지게 되고 뮬러관이 여자 태아의 자궁, 나팔관, 질의 내부로 발달하게 된다. 고환이 존재하는 경우 상황은 반대로 돌아간다. 남성 호르몬은 울프관을 남성 태아의 정낭, 정관, 부고환으로 발달시킨다. 그와 동시에 고환에서 만들어지는 뮬러관 저해 호르몬(Mullerian inhibiting hormone)이라는 단백질의 이름이 암시하는 바와 같이 뮬러관이 여성의 내부 생식 기관으로 발달하는 것을 막는다.

Y 염색체가 고환을 만들도록 지정하고, 고환이 분비하는 호르몬이 나머지 여성, 또는 남성의 기관을 결정하므로 발달 과정의 인간이 성적으로 모호한 해부학적 구조를 갖게 될 일은 없을 것으로 보일지도 모른다. 다시 말해 여러분은 Y 염색체는 100퍼센트 완벽한 남성의 생식 기관을 보장할 것이며 Y염색체가 없는 경우에는 100퍼센트 완벽한 여성의 생식 기관이 만들어질 것이라고 생

각하기 쉽다.

그러나 실제로는 난소와 고환 이외의 다른 구조들이 만들어지기까지는 매우 긴 일련의 생화학적 과정이 필요하다. 그리고 그 과정의 각 단계들은 효소를 필요로 한다. 그리고 이 효소들은 유전자의 지시에 따라 합성된다. 그런데 만일 이러한 효소의 합성을 지시하는 유전자 가운데 하나가 돌연변이를 일으켜 변화된 경우에는 바로 그 효소에 결함이 생기거나 아니면 효소 자체가 만들어지지 않을 수도 있다. 그렇게 되면 효소의 결핍은 남성 가성반음양(pseudohermaphrodite)이라는 상태를 만들어 낼 수 있다. 이것은 어떤 사람이 고환과 함께 여성 생식기를 함께 가지고 있는 상태를 말한다. 효소의 결함으로 인한 남성 가성반음양의 경우 발달 과정에서 그 결함이 있는 효소가 관여하는 단계 이전까지는 정상적인 남성 생식기 발달이 이루어지게 된다. 그러나 그 결함이 있는 효소에 의존하는 생식 구조나 그 후의 생화학적 단계의 경우 정상적인 발달이 일어날 수 없으며 그에 상응하는 여성의 구조가 나타나거나 아예 나타나지 않게 된다. 예를 들어서 한 가성반음양의 경우 그 사람은 겉보기에는 정상적인 여성으로 보인다. 오히려 '그녀'는 보통 여자들보다 남자들이 생각하는 이상적인 여성의 육체적 아름다움에 더욱 가까운 모습을 하고 있다. 왜냐하면 '그녀'는 가슴이 잘 발달되어 있고 길고 우아한 다리를 가지고 있는 경우가 많기 때문이다. 그렇기 때문에 아름다운 여성 패션모델이 성인이 되어 유전자 검사를 받은 후에 자신이 실제로는 단 하나의 유전자에 돌연변이가 일어난 '남성'이었음을 깨닫는 사례가 왕왕 일어나는 것이다.

　　이런 종류의 가성반음양을 지닌 사람은 태어났을 때에는 정상적인 여자 아이로 보이고 사춘기를 거칠 때에도 외형상으로는 정상적인 발달을 보인다. 심지어 청소년기에 이른 '소녀'가 생리를 시작하지 않는 것을 이상하게 여겨 의사를 찾기 전까지 문제를 전혀 인식하지 못할 수도 있다. 의사는 생리를 하지 않는 이유를 간단하게 발견하게 될 것이다. '소녀'의 몸에는 자궁도, 나팔관도 질의 윗부분도 존재하지 않는 것이다.(질은 5센티미터 정도 들어간 곳에서 끝나 버린다.) 추가적인 검사를 시행하면 정상적인 Y 염색체의 프로그램에 따라 테스토스테론을 분비하는 정상적인 고환이 존재하는 것을 밝혀낼 수 있을 것이다. 단지 이 고환은 샅과 음순 속에 묻혀 있다는 점에서만 비정상적이다. 다시 말해 이 아름다운 여성 모델은 실제로는 테스토스테론에 대한 반응 능력이 생화학적으로

차단되도록 유전적으로 결정되었다는 점을 제외하고는 정상적인 남자이다.

그 생화학적 걸림돌은 다름 아닌 세포의 수용체에 있는 것으로 드러났다. 정상적인 상태에서 이 수용체는 테스토스테론과 디하이드로테스토스테론에 결합하여 이 남성 호르몬들이 정상적 남아로 발달하도록 추가적인 단계를 진행시킨다. Y 염색체는 정상이기 때문에 고환 자체는 정상적으로 형성되고 또한 모든 남성에게 있어서 자궁과 나팔관의 발달이 이루어지지 않도록 만드는 뮬러관 저해 호르몬 역시 정상적으로 생산된다. 그런데 이 경우 테스토스테론에 반응하여 이루어지는 정상적 남성 생식 기관의 발달이 저해되게 된다. 남성과 여성으로 발달할 수 있는 잠재력을 모두 갖춘 배아의 생식 기관은 아무런 자극을 받지 않는 상태에서는 자동적으로 여성으로 발달하기 때문에 이 가성반음양 남성은 남성이 아닌 여성의 외부 생식기를 갖게 되고 울프관이 쇠퇴되며 그에 따라 잠재적 남성의 내부 생식기 역시 쇠퇴하게 된다. 실제로 고환과 부신에서는 소량의 에스트로겐(estrogen)이 분비되는데 정상적 경우에는 압도적인 남성 호르몬 수용체 때문에 그 효과가 무시되게 된다. 그런데 남성 가성반음양의 경우 제 기능을 하는 남성호르몬 수용체가 완전히 결핍되어 있기 때문에(이 수용체는 정상적인 여성의 경우에도 적은 수로 존재한다.) 외형적으로 더욱더 여성스러운 모습을 갖추게 되는 것이다.

따라서 남성과 여성의 전체적인 유전적 차이는 그다지 큰 것이 아니다. 비록 그 작은 차이는 결과에 있어서 굉장한 차이를 만들어 내지만 말이다. 23번 염색체상에 있는 적은 수의 유전자들이 다른 염색체상의 유전자들과 발맞추어 발현되어 궁극적으로 남성과 여성의 모든 차이점을 만들어 내게 된다. 이 차이는 물론 생식 기관상의 차이뿐만 아니라 턱수염, 체모, 목소리의 높이, 유방의 발달 등 사춘기 이후에 나타나는 성과 관련된 모든 차이점을 아우른다.

테스토스테론 및 테스토스테론의 화학적 유도체들이 실질적으로 나타내는 효과는 나이, 기관, 종에 따라 차이를 보인다. 유선(乳腺, mammary gland) 발달뿐만 아니라 기타 성적 차이는 동물 종에 따라 커다란 차이가 있다. 심지어 사람에 가까운 고등 동물—우리 인간 및 유인원—가운데에서도 남녀 또는 암수의 구별되는 정도에는 차이가 있다. 우리는 동물원에 가서, 혹은 사진을 통해서 수컷 고릴라와 암컷 고릴라가 뚜렷이 구분된다는 사실을 알고 있다. 고릴라의 경우 멀리서 보아도 커다란 몸집(몸무게가 암컷의 약 2배이다.)과 머리통의 모양과 등에 난 은회색 털 등으로 수컷인지 대번에 알아볼 수 있다. 그렇게 뚜렷한 차이는 아니지만 인간의 남자 역시 여자와 다른 특징을 가지고 있다. 몸집이 약간 더 크고(평균적으로 약 20퍼센트) 더 근육질이며 수염이 있다. 심지어 인간의 남녀 간 차이의 정도마저도 각 인구 집단마다 차이를 보인다. 예를 들어서 동남아시아나 미국의 원주민의 경우 남녀 간의 차이가 그다지 두드러지지 않는다. 왜냐하면 이 인종들의 남성들은 대체로 유럽 인이나 서남아시아 인 남성에 비해서 체모나 수염의 발달이 훨씬 적게 일어나기 때문이다. 그러나 한편으로 긴팔원숭이처럼 수컷과 암컷이 너무나 서로 비슷해서 생식기를 확인해 보기 전에는 수컷인지 암컷인지 구분할 수 없는 경우도 있다.

특히 태반류의 경우 암수 모두 유선을 가지고 있다. 대부분의 포유류에서 수컷의 유선은 상대적으로 덜 발달되고 기능을 하지 않는 것이 보통이지만 그 덜 발달되는 정도는 종에 따라 다르다. 예를 들어서 수컷 쥐나 생쥐의 경우 유선이 관이나 젖꼭지를 형성하지 않기 때문에 밖에서 볼 때에는 아무런 흔적도 나타나지 않는다. 반면 개나 인간을 비롯한 영장류의 경우 암수 모두 유선이 관과 젖꼭지를 형성하며 사춘기 이전까지는 양성 간의 차이가 거의 나타나지 않는다.

포유류의 경우 청소년기(adolescence)를 거치는 동안 생식선, 부신, 뇌하수체 등에서 분비되는 다양한 호르몬의 혼합물에 의해서 양성 간에 눈에 띄는 차이가 더욱 커지게 된다. 임신 중이거나 수유 중인 암컷의 몸에서 분비되는 호르몬으로 인해 유선 발달이 더욱 촉진되고 젖의 생산이 시작된다. 일단 젖이 생성되기 시작하면 수유 중 새끼가 젖을 빠는 것에 대한 반사 반응으로 더욱 젖 생산이 촉진된다. 인간의 경우 젖의 생산은 특히 프로락틴(prolactin)이라는 호르몬의 지배를 받는다. 반면 암소의 경우 젖 생산을 촉진시키는 호르몬 가운데 성장 호르몬(somatotropin)이 포함되어 있다.(호르몬으로 우유 생산을 촉진시키는 것에 대한 논쟁의 배후에 있는 바로 그 호르몬이다.)

그런데 호르몬의 남녀 차이는 절대적인 것이 아니며 정도의 차이라는 점을 기억해야 할 것이다. 양성 중 어느 한 성이 특정 호르몬을 더 높은 농도로 가지고 있거나 특정 호르몬에 대한 수용체를 더 많이 가지고 있을 뿐이다. 특히 반드시 임신을 해야만 젖이 나오는 것은 아니다. 예를 들어서 몇몇 종의 포유류의 경우 체내에 정상적으로 순환하는 호르몬으로 인해 갓 태어난 새끼에게서 젖이 나오는 경우도 있다. 이것을 마녀의 젖(witch's milk)이라고 부른다. 그리고 교미를 하지 않은 암소나 암염소에게 에스트로겐이나 프로게스테론(progesterone, 보통 임신 중에 분비되는 호르몬)을 주입할 경우 젖의 성장과 젖 분비가 촉진된다. 뿐만 아니라 수소, 숫염소, 수컷 기니피그의 경우에도 이러한 현상이 보고되었다. 호르몬 처리를 받은 처녀 암소는 새끼를 낳아서 그 새끼들에게 젖을 먹이는 또래의 암소들과 평균적으로 같은 양의 우유를 생산한다. 그러나 호르몬 처리를 받은 수소에게서는 그보다 훨씬 적은 양의 우유가 분비될 뿐이다. 몇 년 안에 슈퍼마켓 진열대에 수소의 젖에서 짠 우유가 들어차게 되는 것은 아닌가 하는 걱정은 접어도 될 것이다. 그도 그럴 수밖에 없는 것이, 호르몬 처리를 받은 처녀 암소와 달리 수소는 충분한 유선 조직을 수용할 젖통이 발달하지 않기 때문이다.

주사를 통해 투여되거나 국소적으로 처리된 호르몬 때문에 남성 또는 임신하지 않고 수유도 하지 않는 여성의 가슴이 비정상적으로 발달하고 그 가슴에서 젖이 나오기 시작하는 예는 수도 없이 많다. 에스트로겐 처치를 받는 남성과 여성 암환자에게 프로락

틴을 주입했을 때 젖이 분비되기 시작했다. 그중에는 64세의 할아 버지도 있었다. 이 할아버지는 호르몬 치료를 중단한 후에도 7년 이나 더 젖이 나왔다. (이 사례는 1940년대에 얻어진 것으로, 당시는 임상 시험 피험자 보호 위원회에서 의학 연구에 규제를 가하기 전이었다. 지금 같으면 이러한 실험은 실시될 수 없다.) 그리고 진정제를 복용하는 사람들에게서도 젖 이 분비되는 일이 보고되었다. 진정제 성분이 시상 하부에 영향을 주기 때문이다. (시상 하부는 프로락틴의 원천인 뇌하수체를 조절한다.) 뿐만 아니라 수술을 통해 아기가 젖을 빠는 것에 대한 반사(suckling reflex) 작용에 관여하는 신경이 자극된 경우 회복되는 동안 젖이 나오기 도 한다. 또한 오랫동안 에스트로겐과 프로게스테론이 함유된 피 임약을 복용하는 여성의 경우에도 젖이 나올 수 있다. 내가 가장 흥 미롭게 여겼던 사례는 이것이다. 아내의 가슴이 너무 작다고 늘 불 평하던 남편이 어느 날 자신의 가슴이 커지기 시작하는 것을 발견 하고 깜짝 놀랐다. 그것은 부인이 남편의 바람대로 가슴이 커지도 록 가슴에 듬뿍듬뿍 발랐던 에스트로겐 크림이 남편의 가슴에 묻 어 효과를 발휘했던 것이다!

이 시점에서 여러분은 이러한 예들이 정상적 남성의 수유 가능성과 무슨 관계가 있는지 의문을 품을지도 모른다. 위에 소개한 사례들은 대개 호르몬 주사나 수술 등 의학적 개입이 관련되어 있기 때문이다. 그러나 첨단 의학 기술 없이도 비정상적 젖 분비는 일어날 수 있다. 몇몇 종의 포유류의 경우 단순히 젖꼭지에 기계적 자극을 반복적으로 가하는 것만으로도 처녀 상태의 암컷이 젖을 분비하도록 만들 수 있다. 기계적 자극은 신경 반사와 중추 신경계를 통해 젖꼭지를 호르몬 분비샘과 연결하는 자연적인 방법이다. 예를 들어서 성적으로 성숙하지만 교미 경험이 없는 암컷 유대류는 다른 암컷이 낳은 새끼에게 젖을 물림으로써 젖이 나오게 될 수 있다. 역시 처녀 상태인 암염소의 경우에도 '젖짜기'를 반복할 경우 젖을 분비할 수 있다. 이러한 원리는 남성에게도 적용할 수 있다. 수유 중이 아닌 여성의 경우와 마찬가지로 남성의 경우에도 손으로 젖꼭지를 자극할 경우 프로락틴의 농도가 치솟기 때문이다. 10대 소년들이 손으로 자신의 젖꼭지를 자극해 젖이 나오는 경우는 그다지 희귀한 일이 아니다.

이와 같은 인간의 사례 가운데 내가 가장 좋아하는 이야기는 다음과 같다. 여러 신문을 통해 널리 알려진, "애비에게 물어 보세요(Dear Abby)"라는 칼럼에 한 독자가 편지를 보냈다. 미혼인 이 여성 독자는 아기를 입양할 예정인데 아기에게 자신의 젖을 먹이고 싶어 했다. 그래서 호르몬 투여 치료를 받는 것이 도움이 될지를 애비에게 물었던 것이다. 애비는 이렇게 대답했다. "말도 안 되는 소리 마세요. 호르몬 주사 때문에 온 몸에 털이나 돋아나지 않을까 모르겠네요." 그러자 몇몇 분개한 독자들이 애비에게 편지를 보내왔다. 그들은 처음 보낸 독자와 비슷한 상황에 있었는데 입양된 아이에게 반복해서 젖을 물림으로써 결국 수유에 성공했다고 말했다.

의사와 간호사로 구성된 모유 수유 전문가 집단이 최근 실시한 연구에 따르면 아기를 입양한 어머니들은 노력 여하에 따라서 3~4주 안에 모유 수유를 할 수 있다. 아이를 입양할 예정인 여성의 젖에 몇 시간에 한 번씩 유축기(乳縮器)를 이용해서 자극을 가하는 방법이 권장된다. 예정된 입양일로부터 한 달쯤 전에 이러한 준비를 시작하는 것이 좋다고 한다. 오늘날의 유축기가 발명되기 전에는 강아지나 아기에게 반복해서 젖을 물림으로써 같은 효과를 얻었다. 이러한 준비는 특히 예전의 전통 사회에서 중요하게 여겨졌다. 임신한 딸이 병이 나거나 몸이 약해 아이에게 젖을 주지 못할 것같이 보이면 임산부의 어머니가 딸을 대신해 수유를 하기 위해 이러한 방법을 사용했던 것이다. 기록에 따르면 71세의 할머니가 손자에게 젖을 주었다고 한다. 구약 성서에 나오는 룻의 시어머니 나오미가 그랬듯이 말이다.(믿기 어렵다면 지금 성경을 펴서「룻기」4장 16절을 읽어 보라.)

한편 기아 상태에서 회복되는 과정의 남성에게서 유방이 발달하는 일은 흔히 관찰되었고 젖이 나오는 사례도 이따금씩 보고되었다. 제2차 세계 대전의 강제 수용소에서 풀려난 포로들 가운데에서 이와 같은 사례가 수천 건 보고되었다. 또한 일본 포로 수용소의 생존자 중에서만 500명 정도가 이러한 증상을 보고했다. 이 증상에 대한 그럴듯한 설명은 기아 상태로 인해 호르몬을 생성하는 분비선뿐만 아니라 호르몬을 파괴하는 간의 기능 역시 억제되었다가 영양분의 공급이 재개되면서 호르몬 분비선이 간보다 훨씬 빠르게 회복되어 호르몬 수치가 비정상적으로 높아지기 때문이라는 것이다. 자, 다시 한번 성서를 펴 보자. 그러면 구약 성서에 등장하는 이스라엘 민족의 지도자들이 그 옛날 이미 오늘날의 생리학자들의 발견을 예측하고 있음을 발견하게 될 것이다.「욥기」21장 24절에는 잘 먹은 남자의 가슴이 "젖이 가득하"다고 나와 있다.(우리말 성경 중 『개역성경』에 다음과 같이 표현되어 있다. "그의 그릇에는 젖이 가득하며 그의 골수는 윤택하고" 하지만 『표준새번역 성경』에는 "평소에 그의 몸은 어느 한 곳도 영양이 부족하지 않으며, 뼈마디마다 생기가 넘친다."라고 되어 있어 저자의 글과 차이를 보인다.—옮긴이)

한편 오래전부터 다른 면에서는 완벽하게 정상적인, 즉 정상적인 고환을 가지고 있고 암컷을 임신시키는 능력을 갖추고 있는 숫염소가 어느 날 갑자기 젖통이 커지며 젖을 분비해서 주인을 놀라게 하는 경우가 있었다. 숫염소의 젖은 그 조성에 있어서 암염소의 젖과 비슷하지만 지방과 단백질 함량이 조금 더 높다. 수컷에게서 자발적으로 젖이 나오는 예는 동남아시아 지방에서 사람이 기르는 원숭이, 붉은얼굴원숭이(stumptailed macaque, *Macaca arctoides*)에게서도 관찰되었다.

1994년 마침내 야생 동물의 수컷에게서 자연적으로 젖이 분비되는 사례가 보고되었다. 말레이시아 및 인근의 섬에 사는 디아크과일박쥐(Dyak fruit bat, *Dyacopterus spadiceus*)가 바로 그 사례의 주인공이다. 산 채로 포획된 11마리의 성숙한 수컷 디아크과일박쥐는 기능이 활성화되어 있는 유선을 지니고 있었으며 손으로 짜니 젖이 나왔다. 일부 수컷의 유선은 젖이 차서 부풀어 오른 상태였다. 아마도 분비되지 않은 젖이 고여 있는 것으로 보였다. 그런데 다른 수컷의 경우 유선의 기능이 활성화되어 있음에도 젖이 차 있지 않은 것으로 보아 (마치 젖을 먹이는 암컷의 경우와도 같이) 이미 수유를 한 직후인 것으로 보였다. 각기 다른 계절과 장소에서 포획한 디아크과일박쥐의 세 표본 가운데 두 표본은 젖을 분비하는 수컷과 젖을 분비하는 암컷과 임신한 암컷을 포함하고 있었다. 그런데 나머지 한 표본의 경우 다 자란 수컷과 암컷 박쥐 모두 성적으로 불활성화된 상태였다. 이러한 사실은 수컷의 수유가 암컷의 수유와 마찬가지로 자연적인 생식 주기에 따라 발달하는 것임을 암시한다. 젖을 분비하는 수컷 박쥐의 고환을 미시적 방법으로 조사해 본 결과 분명히 정상적인 정자의 발달이 이루어지고 있었다.

이처럼 대개의 경우 새끼에게 젖을 먹이는 쪽은 아비가 아닌 어미이지만 적어도 일부 포유류 종의 경우 수컷 역시 수유에 적합한 해부학적 구조와 생리학적 잠재력과 호르몬 수용체를 가지고 있는 것으로 나타났다. 수컷에게 호르몬 또는 호르몬을 분비시키는 다른 물질을 주입할 경우 유방이 발달하고 젖이 나올 수 있다. 분명히 정상적인 성인 남성이 아이에게 젖을 주었다는 사례도 몇 건 보고되었다. 남성의 젖을 분석한 결과 유당, 단백질, 전해질의 농도가 모유와 비슷한 것으로 나타났다. 이 모든 사실로부터 우리는 남성이 아이에게 젖을 주도록 진화되는 것이 그다지 어려울 것이 없었으리라고 추측할 수 있다. 어쩌면 호르몬의 분비를 증가시키거나 호르몬의 분해를 감소시키는 약간의 돌연변이만으로도 그와 같은 결과가 일어났을 수도 있었을 것이다.

　그러나 진화는 분명히 수컷이 정상적인 상태에서는 그와 같은 생리학적 잠재력을 활용하지 못하도록 설계했다. 컴퓨터 용어로 말하자면, 적어도 일부 수컷은 하드웨어를 갖추고 있다. 그러나 우리는 자연선택으로 인해 그 하드웨어를 사용할 프로그램을 갖지 못하게 것이다. 그렇다면 그렇게 프로그램되지 않은 이유는 무엇일까?

　그 이유를 이해하기 위해서 우리는 지금까지 이 장에서 사용해 왔던 생리학적 추론에서 벗어나 2장에서 이용했던 진화론적 추론으로 되돌아갈 필요가 있다. 특히 양육을 둘러싼 양성 간의 진화론적 전쟁이 어떻게 전체 포유류 종의 90퍼센트에 있어서 어미가 새끼를 양육하는 쪽으로 매듭지어지게 되었는지 기억할 필요가 있다. 부모가 전혀 돌보지 않아도 새끼가 살아남을 수 있는 종의 경우에 수컷의 수유 문제는 아예 제기될 필요도 없을 것이 분명하다. 이러한 종의 경우 수컷은 새끼에게 젖을 줄 필요가 없을 뿐만 아니라 먹을 것을 가져다줄 필요도, 가족의 영역을 경계할 필요도, 새끼를 보호하거나 가르칠 필요도, 그밖에 새끼를 위해 다른 어떤 일을 해 줄 필요도 없을 것이다. 수컷 입장에서는 자신이 임신시킬 수 있는 또 다른 암컷의 뒤꽁무니를 쫓아다니는 편이 자신의 유전적 이익을 극대화하는 일이 될 것이다. 돌연변이로 인해 자신의 새끼에게 젖을 줄 수 있도록(혹은 다른 방식으로 새끼를 돌볼 수 있도록) 개조된 고결한 성품의 수컷은 수유의 짐을 벗어던지고, 그 결과 더 많은 암컷과 교미해서 더 많은 자손을 남기게 될 다른 이기적인 수컷과의 진화론적 경쟁에서 재빨리 도태되고 말 것이다.

수컷의 수유 문제는 포유류 종 가운데 수컷의 양육을 필요로 하는 10퍼센트의 경우에나 의미 있을 것이다. 이 적은 수의 종에는 사자, 늑대, 긴팔원숭이, 그리고 우리 인간이 포함된다. 그러나 이러한 종의 동물들이 수컷의 양육을 필요로 한다고 하더라도 수유를 아비가 제공할 수 있는 가장 가치 있는 형태의 양육이라고 보기는 어려울 것이다. 수사자가 제 새끼를 위해서 진정 해야 할 일은 새끼 사자의 목숨을 노리는 하이에나나 다른 사자들을 쫓아 버리는 일이 아닐까? 또한 수사자는 새끼 곁에 앉아서 젖을 물리기보다는 (그 일은 좀 더 몸집이 작은 암사자도 충분히 할 수 있는 일이다.) 밖으로 나가 자신의 영역을 순찰하고 몰래 침입하는 적을 물리치는 것이 마땅하다. 아비 늑대가 새끼를 위해 할 수 있는 가장 훌륭한 일은 보금자리를 떠나서 사냥을 해서 고기를 물어와 어미 늑대에게 먹여 그 고기를 젖으로 변화시키는 것이다. 긴팔원숭이 아비의 임무는 새끼를 채가려고 노리는 비단뱀이나 독수리가 나타나지 않는지 망을 보고, 어미와 새끼 원숭이들이 머물고 있는 과일 나무에 다른 긴팔원숭이가 침입하지 않도록 내쫓는 것이다. 한편 명주원숭이의 아비는 쌍둥이 새끼들을 돌보는 데 많은 시간을 할애한다.

수컷이 새끼에게 젖을 먹이지 않는다는 사실을 이렇게 변명할 수 있지만 여전히 어딘가에 수컷의 수유가 수컷 자신에게나 새끼에게 모두 이롭기 때문에 실제로 수유가 가능한 포유류 종이 존재할 가능성이 남아 있다. 어쩌면 디아크과일박쥐가 그러한 종으로 밝혀질지도 모르겠다. 그러나 설사 어떤 종의 경우 수컷의 수유가 이롭게 작용한다고 하더라도 그러한 가능성의 실현 문제는 여전히 진화적 실행(evolutionary commitment)이 제기하는 문제와 정면으로 배치된다.

진화적 실행이라는 개념은 사람이 만들어 낸 도구와의 유사점을 통해 이해할 수 있다. 예를 들어 트럭 제조업자는 하나의 기본적인 트럭 모델을 개조함으로써 그와 다르지만 연관된 목적을 지닌 다른 트럭들, 이를테면 가구 운반용 트럭, 가축 운반용 트럭, 냉동 식품 운반용 트럭 등을 만들어 낼 수 있다. 트럭 적재함의 기본 설계에 약간의 수정을 가함으로써 이처럼 다양한 목적을 지닌 트럭들을 만들어 낼 수 있다. 이때 엔진, 브레이크, 차축, 기타 주요 부품에는 전혀 혹은 거의 변화를 주지 않아도 된다. 이와 마찬가지로 비행기 제조업자는 동일한 비행기 모델에 약간의 수정을 가해 여객기, 화물 수송기, 스카이다이버용 비행기 등 다양한 목적의 항공기를 만들어 낼 수 있다. 그러나 트럭을 비행기로 개조하거나 비행기를 트럭으로 개조하는 것은 생각하기 어렵다. 왜냐하면 트럭은 무거운 몸체, 디젤 엔진, 브레이크 시스템, 차축 같은 여러 가지 측면에 있어서 트럭 고유의 목적에 맞게 설계되고 결정되어 있기 때문이다. 우리는 비행기를 만들 때 트럭에서 출발하지 않는다. 대신 처음부터 비행기를 위한 설계를 새로 시작한다.

그런데 동물의 경우는 사정이 다르다. 주어진 생활 양식에 맞는 최적의 해결 방법을 제공할 수 있는 설계를 맨 처음부터 만들어 낼 수 없다. 그 대신 기존의 동물 집단으로부터 조금씩 진화한 결과 새로운 종의 동물이 탄생하게 되는 것이다. 생활 양식의 진화적 변화는 서로 다른, 그러나 관련되어 있는 생활 양식에 따라 적응된 진화적 설계상의 작은 변화들이 축적되어 일어나게 된다. 어떤 특정 생활 양식에 적응되어 온 동물은 다른 생활 양식에 필요한 수많은 적응을 이루도록 진화되지 않거나 아니면 그렇게 되기까지 오랜 시간이 걸릴 수 있다. 예를 들어서 새끼를 낳는 포유류의 암컷이 어느 날 갑자기 알을 낳는 새처럼 수정된 지 하루 만에 배아를 몸 밖으로 배출해 버릴 수는 없다. 그것은 난황, 알껍데기, 알을 낳기 위한 기구 같은 조류의 특성을 갖추도록 진화되어야만 가능한 일이다.

온혈 척추동물의 두 가지 큰 줄기인 조류와 포유류 중에서 조류의 경우 수컷의 새끼 양육이 보편적인 현상인 반면, 포유류의 경우 그와 같은 현상이 예외인 점을 상기해 보자. 이러한 차이는 체내에서 수정된 수정란을 어떻게 해야 할지 하는 문제에 대하여 오랜 진화의 역사 속에서 조류와 포유류가 서로 다르게 발전시켜 온 해결 방법책일 것이다. 그 각각의 해결책은 오늘날의 조류와 포유류의 모습을 규정하는, 서로 다른 일련의 적응을 필요로 한다.

조류의 해결책은 다음과 같다. 암컷은 수정란을 난황과 함께 딱딱한 껍데기로 싸서 재빨리 몸 밖으로 배출시킨다. 이때 수정된 배아는 극도로 미발달되고 완전히 무기력하며 조류학자가 아니라면 그것이 새인지 아닌지 구분조차 할 수 없는 상태이다. 수정이 이루어지는 시점으로부터 체외로 배출되는 시점까지 배아가 어미의 몸속에서 발달하는 기간은 고작해야 하루와 며칠 사이이다. 그 다음 어미의 체외에서 훨씬 긴 기간 동안 발달이 이루어진다. 알이 부화되기까지 길면 80일 정도 알 속에서 발달이 이루어지고 부화된 새끼 새가 날기까지 길게는 240일 동안 먹이를 받아먹으며 보살핌을 받아야 한다. 산란 후에 새끼의 발달에 필요한 것은 오직 어미 새만이 할 수 있는 특별한 보살핌이 아니다. 아비 새 역시 어미 새와 마찬가지로 알 위에 앉아서 알을 따뜻하게 덥혀 주는 일을 할 수 있다. 일단 알이 부화되고 나면 대부분의 새끼 새는 부모 새가 먹는 것과 같은 것을 먹는다. 따라서 어미 새뿐만 아니라 아비 새도 먹이를 물어다 줄 수 있다.

대부분의 조류의 경우 둥지와 알, 또는 새끼 새를 보살피는 일은 아비 새와 어미 새의 노력을 모두 필요로 한다. 그러나 부모 중 어느 한쪽의 보살핌으로 충분한 일부 종의 경우 보살핌을 제공하는 것은 대개 어미새 쪽이다. 그것은 2장에서 제시된 이유 때문이다. 암컷이 자신의 체내에서 수정란이 만들어지기까지 더 많은 투자를 했고, 수컷은 새끼 양육을 위해 더 큰 기회를 포기해야 하는 상황이며, 체내 수정을 통해 태어난 알에 대해 암컷이 친자 관계에 대하여 더 큰 확신을 가질 수밖에 없다는 그 이유들 말이다. 그러나 어떤 새 암컷도 포유류의 암컷이 체내 수정된 배아에 투자한 것보다 많은 투자하지는 않는다. 왜냐하면 발달 중에 있는 어린 새는 매우 이른 시기에 어미의 몸 밖으로 배출되기 때문이다. 가장 덜 발달된 채로 태어나는 포유류와 비교하더라도 조류의 새끼가 훨씬 더 이른 시기에 태어난다고 볼 수 있다. 새끼가 어미의 체외에서 발달되는 시간——이론적으로 볼 때 어미와 아비가 공동의 양육 책임을 갖는 시간——을 어미의 체내에서 발달되는 시간에 대한 비로 나타낼 때 그 값은 조류의 경우가 포유류의 경우보다 훨씬 더 크다. 어떤 어미 새의 임신 기간——알을 형성하는 시간——도 인간의 아홉 달은 고사하고 포유류의 가장 짧은 임신 기간인 12일에 근접하지 못한다.

그렇기 때문에 조류의 암컷은 포유류의 암컷과 달리 아비 새가 다른 암컷의 뒤꽁무니를 쫓아다니든 말든 혼자서 새끼 양육을 떠맡으려 들지 않는다. 이러한 진화의 결과는 새의 본능적 행동뿐만 아니라 새의 해부학적, 생리학적 특성에도 프로그램되어 있다. 비둘기의 경우 멀떠구니(crop, 새의 식도 일부가 주머니처럼 된 부분으로 먹이의 일부를 저장해 두었다가 조금씩 위로 보낸다.—옮긴이)에서 나오는 '젖(milk)'을 새끼에게 먹이는 데 이때 수컷과 암컷 모두 이 젖을 분비한다. 조류의 경우 부모 모두가 모두 새끼를 보살피는 것이 일반적인 현상이다. 그리고 부모 중 한쪽이 새끼의 양육을 떠맡는 경우 암컷이 그 책임을 맡는 것이 보통이라고는 하지만 일부 종의 경우 아비 새가 혼자서 새끼를 양육하기도 한다. 포유류의 경우 그러한 경우를 찾아볼 수 없다. 아비 새가 혼자 새끼를 돌보는 경우는 성 역할 역전 일처다부제의 특성을 보이는 조류 종에서만 찾아볼 수 있는 것이 아니다. 타조, 에뮤(emu, 타조와 비슷하게 생긴, 오스트레일리아에 서식하는 날지 못하는 큰 새.—옮긴이), 티나무(tinamou, 중남아메리카산 메추라기 비슷한 새.—옮긴이)와 같은 새들의 경우에도 아비 새가 양육 책임을 떠맡는다.

체내 수정 및 그 후에 일어나는 배아 발달에 대하여 조류가 마련한 해결책은 특이화된 해부학적, 생리학적 특성과 관련되어 있다. 수컷이 아닌 암컷 새가 난관(oviduct)을 가지고 있는데 이 난관의 일부는 알부민(albumin, 난백을 구성하는 단백질)을 분비하고, 또 다른 부분은 알껍데기의 내막 및 외막을 만들고 또 다른 부분은 알껍데기 자체를 만든다. 호르몬으로 조절되는 이 모든 구조와 관련 대사 기구는 진화적 실행을 구현하고 있다. 조류는 아마도 아주 오랜 기간에 걸쳐서 이러한 경로로 진화되어 왔을 것이다. 왜냐하면 알을 낳는 습성은 오랜 옛날 살았던 파충류 사이에 널리 퍼져 있었으며 조류는 알을 만드는 기구의 상당 부분을 이 파충류 조상으로부터 물려받은 것으로 보이기 때문이다. 더 이상 파충류가 아니라 분명히 조류라고 볼 수 있는 최초의 동물인 유명한 시조새는 화석 자료에 따르면 약 1억 5000만 년 전에 나타났던 것으로 보인다. 비록 시조새의 생식과 관련된 생물학적 특성은 확인되지 않았지만 약 8000만 년 전의 것으로 추정되는 공룡의 화석이 둥지와 알 위에 매몰된 채 발견된 것으로 보아 조류가 둥지를 만드는 습성이나 알을 낳는 습성 모두 파충류였던 조상으로부터 물려받은 것이라고 볼 수 있다.

현대의 조류 종은 생태학적 특성이나 생활 양식에 있어서 매우 다양한 면모를 보인다. 하늘을 나는 종도 있고, 육지 위를 뛰어다니는 종도 있으며 바닷물 속에 잠수하는 종도 있다. 벌새처럼 극히 작은 종에서부터 지금은 멸종된 융조(隆鳥, elephant bird 또는 aepyornis)처럼 아주 커다란 종도 있다. 또한 남극의 겨울 속에서 둥지를 트는 펭귄과 같은 종이 있는가 하면 열대 우림 기후에서 번식하는 큰부리새(toucan)와 같은 종도 있다. 이처럼 다양한 생활 양식을 보이지만 지금 존재하는 모든 조류 종들은 체내 수정을 하고, 알을 낳으며, 알을 품어 부화시키는 등 생식과 관련된 조류 특유의 습성에 있어서는 대동소이하다. 종에 따라 약간의 예외를 보이는 수도 있기는 하지만.(가장 중요한 예외는 오스트레일리아와 태평양의 섬에 서식하는 브러시칠면조에서 찾아볼 수 있다. 이들은 체온이 아닌 발효되는 거름 더미, 화산, 태양열 등 외부의 열원에서 나오는 열로 알을 부화시킨다.) 만일 누군가가 맨 처음부터 다시 새의 구조와 특성을 설계해 낼 수 있다면 지금과 다르고 지금보다 훨씬 나은 생식 전략을 마련해 줄 수 있을 것이다. 어쩌면 박쥐의 경우가 좋은 모델이 될 수도 있다. 새처럼 날아다니지만 생식 방법에 있어서는 임신, 태생, 수유 등의 특성을 따르는 박쥐 말이다. 하지만 박쥐의 장점이 아무리 크다고 하더라도 박쥐와 같이 되기 위해서는 너무나 큰 변화를 겪어야 하며 그렇기 때문에 새는 그들이 오랫동안 지녀 온 그들만의 해결책에 기댈 수밖에 없는 것이다.

포유류는 체내 수정된 배아를 어떻게 해야 할까 하는 동일한 문제에 대해 포유류 나름대로의 장구한 역사를 지닌 해결책을 가지고 있다. 포유류의 해결책은 일단 암컷의 임신으로부터 시작된다. 어미의 체내에서 배아의 발달이 이루어지는 이 피할 수 없는 포유류의 임신 기간은 어떤 조류보다 더 길다. 이 임신 기간은 짧은 경우 밴디쿠트(bandicoot)의 12일 정도에서 긴 경우 코끼리의 22달에 이른다. 이처럼 새끼가 체내에 있을 때 이미 엄청난 정도로 새끼에게 투자를 한 포유류의 어미는 태어난 새끼를 버리고 떠날 수가 없다. 그 결과 암컷이 새끼에게 젖을 먹이도록 진화되었다. 조류의 경우와 마찬가지로 포유류 특유의 해결책 역시 아주 오래전에 진화된 것이 확실하다. 수유 여부는 화석을 통해 확인하기 어렵지만 1억 3500만 년 전에 서로 갈라져 나온 포유류의 큰 세 줄기인 단공류, 유대류, 및 태반류 모두 새끼에게 젖을 먹인다는 점을 상기할 필요가 있다. 따라서 수유는 아마도 포유류와 비슷한 파충류 조상(소위 수궁류 파충류(therapsid reptile))이나 그 전부터 시작된 것으로 보인다.

조류와 마찬가지로 포유류 역시 생식과 관련되어 특이화된 생리학적, 해부학적 기구를 갖추고 있다. 그 특이화된 기구는 포유류의 3대 집단 간에 커다란 차이를 보이기도 한다. 예를 들어 태반류의 경우 상대적으로 성숙한 상태의 새끼를 낳는 반면 유대류나 알을 낳는 단공류의 경우 비교적 발달 단계가 이른 새끼를 낳아 어미 체외에서 더 오랜 발달 기간을 갖는다. 이러한 차이는 적어도 1억 3500만 년 전에 이루어진 것으로 보인다.

포유류의 세 집단 간의 차이, 혹은 포유류와 조류의 차이에 비하면 특정 포유류 집단 내에서 나타나는 차이는 미미한 수준이라고 볼 수 있다. 포유류 가운데 진화의 방향을 거슬러 올라가 체외 수정을 한다거나 새끼에게 젖을 먹이지 않거나 하는 예는 찾아볼 수 없다. 유대류나 태반류 중에도 진화의 방향을 거슬러 올라가 다시 알을 낳게 된 경우는 존재하지 않는다. 수유에 있어서의 포유류 종 사이의 차이는 그저 정도의 차이일 뿐이다. 예를 들어 북극에 사는 바다표범의 젖은 영양소의 농도가 매우 높고 지방 함량이 특히 높은 반면 당분은 거의 들어 있지 않다. 반면 인간의 젖은 그보다 훨씬 묽으며 당분 함량이 높고 지방 함량은 낮다. 인간의 경우 젖을 떼고 단단한 음식을 먹기 시작하는 시기는 종래의 수렵·채집 사회에서는 일반적으로 생후 4년 정도 되는 때였다. 반면 기니피그나 북아메리카 산 산토끼(jackrabbit)의 경우 태어난 지 며칠 만에 단단한 음식을 씹어 먹을 수 있고 그 후 곧 젖을 떼게 된다. 어쩌면 기니피그나 산토끼는 알에서 깨어나는 순간에 비록 날지는 못하고 체온도 완전히 조절할 수는 없는 상태이지만 바로 눈을 뜨고, 달릴 수 있으며, 스스로 먹이를 찾아 먹을 수 있는 닭이나 물떼새와 같은 조성조와 같은 방향으로 진화되고 있는 상태일지도 모른다. 만일 지구상의 생명이 현재 인간이 자행하고 있는 대량 학살의 칼날을 피해 살아남을 수 있다면 기니피그나 산토끼의 후손들은 언젠가는 수유라는 진화의 유산을 벗어던지게 될지도 모른다. 그 언젠가는 적어도 수천만 년 후가 되겠지만 말이다.

　어쩌면 지금과 다른 생식 전략이 포유류에게 유효하게 사용될 수도 있고 어쩌면 단지 약간의 돌연변이만으로 갓 태어난 기니피그나 산토끼가 전혀 젖을 먹을 필요가 없는 새로운 포유류로 재탄생하게 될지도 모른다. 그러나 그러한 일은 일어나지 않았다. 포유류들은 포유류 특유의 생식 전략에 그대로 머무르고 있다. 이와 마찬가지로 수컷의 수유가 생리적으로 가능하다고 하더라도, 그리고 이 경우에도 역시 몇 번의 돌연변이로 수컷이 수유를 할 수 있을 것으로 보이더라도, 포유류의 암컷은 수유에 대한 생리적 잠재력을 완벽하게 실현하는 데 있어서 수컷보다 저만큼 앞서 있다고 볼 수 있다. 수천만 년 동안 젖을 생산하도록 자연선택된 쪽은 수컷이 아니라 암컷이다. 수컷의 수유가 생리적으로 가능하다는 점을 여러분에게 보여 주기 위해서 내가 앞서 인용했던 모든 종 ─ 인간. 소, 염소, 개, 기니피그, 디아크과일박쥐 ─ 의 경우에도 수컷은 여전히 암컷보다 훨씬 적은 양의 젖을 만들어 낼 뿐이다.

그러나 최근 이루어진, 디아크과일박쥐에 대한 흥미로운 발견 결과 우리는 지금 지구 어딘가에 인간에게 발견되지 않은 포유류 종이 있어 그 종의 경우 수컷과 암컷이 모두 새끼에게 젖을 먹이며 살아가는 것은 아닐까, 혹은 어떤 포유류 종이 미래에 그와 같이 진화되어 가지는 않을까 하는 의문을 품게 되었다. 디아크과일박쥐의 생태의 역사에 대해서는 거의 알려진 것이 없다. 그렇기 때문에 우리는 정상적인 상태에서 수컷이 젖을 생산하도록 만든 그 조건이 무엇인지 알 수 없다. 또한 수컷 박쥐가 만일 새끼에게 젖을 준다면 어느 정도의 양을 주는지도 알지 못한다. 그러나 우리는 이론적 토대 위에서 정상적인 수컷이 수유를 하도록 만드는 조건이 어떤 것인지 추론해 볼 수 있다. 한 배에서 난 새끼들에게 충분한 영양분을 공급해 주는 것이 상당한 어려운 상황, 일부일처제적인 암수 관계, 수컷이 새끼가 자신의 자손인지 강하게 확신할 수 있는 상태 등이 그런 조건에 포함될 것이다. 또한 배우자가 임신한 동

안 수컷의 몸에 수유를 위한 호르몬의 준비가 이루어져야 하는 것
역시 그 조건 중 하나가 될 수 있다.

　포유류 가운데 그러한 조건의 일부가 이미 어느 정도 충족된
종이 있다면 그것은 바로 인간이다. 그리고 의학 기술의 발달이 그
나마 충족되지 않았던 조건마저도 충족시켜 주고 있다. 현대의 불
임 치료제 및 인공 수정 기술의 발달 때문에 두 쌍둥이나 세 쌍둥이
가 태어나는 빈도가 급격히 늘어나고 있다. 인간의 쌍둥이 아기에
게 젖을 먹이는 데에는 상당한 에너지가 소비된다. 젖먹이 쌍둥이
를 둔 엄마의 1일 필요 열량은 신병 훈련소에 입소한 군인의 필요
열량에 맞먹는다. 그리고 혼외 정사에 대한 우스갯소리가 난무하
고 있지만 실제로 유전자 검사를 시행한 결과 미국과 유럽의 아이
들의 대부분은 실제로 어머니의 남편의 아이인 것으로 드러났다.
뿐만 아니라 태아의 유전자 검사 역시 점점 보편화되어 아이 아버
지는 임신한 아내의 뱃속에 있는 아이가 자신의 아이인지 100퍼센
트 확신을 가질 수 있게 되었다.

　우리는 앞서 체외 수정을 하는 동물의 경우 수컷이 새끼 양육
에 투자하는 것을 선호하는 반면 체내 수정을 할 경우 수컷이 투자
하는 몫이 줄어든다는 사실을 목격했다. 이러한 사실은 다른 포유

류 종의 경우에는 수컷의 양육에 대한 투자를 방해하는 쪽으로 작용하지만 오늘날의 인간의 경우에는 남성이 자신의 자식을 양육하는 데 더욱더 힘을 기울이도록 권장하는 쪽으로 작용한다. 왜냐하면 지난 몇 십 년 동안 시험관을 이용한 체외 수정이 인간의 현실로 자리 잡게 되었기 때문이다. 물론 여전히 이 세상 대부분의 아기들은 자연적인 체내 수정 방법을 통해서 태어난다. 그러나 아이를 가지고 싶지만 자연적인 방법으로 아기를 갖기 어렵게 되고, 또 일부의 주장대로 오늘날 인간의 생식 능력이 감소하고 있다면 앞으로 점점 더 많은 수의 아기들이 물고기나 개구리처럼 체외 수정을 통해 태어나게 될 것이다.

이 모든 특성들은 인간이라는 종을 수컷 수유의 가능성을 실현할 수 있는 최적의 후보로 만들어 준다. 실제로 진화를 통해 그러한 가능성이 실현되는 데 몇 백만 년이 걸려야 할 테지만 우리는 그러한 진화 과정을 단축할 수 있는 능력을 가지고 있다. 수동으로 젖꼭지에 자극을 가하는 방법과 호르몬 주입 방법이 결합되어 (DNA 검사를 통해 친자 여부에 대하여 더더욱 확신을 갖게 된) 인간의 아버지는 유전자상의 변화를 기다릴 것도 없이 젖을 생산해 내게 될 수도 있다. 남성 수유의 잠재적 이익은 어마어마하다. 아버지가 아기에게 젖을 줌으로써 현재 여성들만 누릴 수 있었던 아기와의 특별한 정서적 유대를 남성 역시 경험할 수 있게 될 것이다. 종래에는 오직 여성들에게만 국한되었던, 모유 수유로 생겨나는 어머니와 아기의 특별한 유대에 대해 많은 남성들이 질투심을 느껴 왔다. 오늘날 선진 사회의 수많은, 혹은 대부분의 어머니들 역시 일 때문에, 혹은 질병 때문에, 혹은 단순히 젖이 나오지 않아서 모유 수유를 하지 못하는 형편이기는 하다. 그러나 모유 수유는 부모뿐만 아니라 아기에게도 큰 도움이 된다. 모유를 먹은 아이들은 더 강한 면역계를 갖게 되고 설사, 중이염, 소아당뇨, 독감, 괴사성(壞死性) 장염, 소아 돌연사 증후군(SIDS)을 비롯한 수많은 질병에 걸리는 빈도가 줄어든다. 만일 남성의 수유가 가능해진다면 여하간의 이유로 엄마가 아기에게 젖을 먹일 수 없을 때 아빠가 대신 젖을 줄 수 있다는 점에서 큰 도움이 될 것이다.

　그러나 우리가 인정해야 할 사실이 있다. 남성 수유의 실현에 이르는 길에는 분명히 극복할 수 있을 것으로 보이는 생리적 걸림돌뿐만 아니라 심리적 걸림돌이 도사리고 있다. 남자들은 전통적으로 수유가 여자가 할 일이라고 간주해 왔다. 따라서 최초로 자식에게 젖을 먹일 남자는 다른 남자들로부터 말도 안 되는 일이라고 조롱을 받을 것이 분명하다. 그러나 인간의 생식에 있어서 몇 십 년 전만 해도 말도 안 될 일이었던 방법이 점점 더 널리 사용되고 있는 것이 사실이다. 예를 들어 성교 없이 체외 수정을 통해 아기를 갖는 일, 50세가 넘은 여성이 아이를 갖는 일, 한 여성의 아이를 다른 여성의 자궁에서 키우는 일, 1킬로그램도 채 되지 않는 미숙아를 첨단 기술의 인큐베이터 안에서 살려내는 일 등이 그 예이다. 이제 우리는 여자만 아이에게 젖을 주도록 되어 있는 진화적 적응도가 생리적으로 볼 때에는 불안정하고 가변적인 현상이라는 사실을 알고 있다. 어쩌면 심리적으로도 불안정하고 가변적인 것일 수도 있다. 어쩌면 인간이라는 종이 가진, 다른 동물들과 가장 크게 구분되는 특성은 진화에 거역하는 선택을 할 수 있다는 점일지도 모른다. 우리 대부분은 살인, 강간, 대량 학살에 반대한다. 이러한 것들이 우리의 유전자를 후손에 널리 퍼뜨리는 수단으로서 어느 정도 이점을 가지고 있으며 실제로 다른 동물 종이나 초기 인류의 사회에서는 널리 실행되었던 관행이라고 하더라도 말이다. 그렇다면 남성의 수유 역시 진화에 거스르는 인위 선택의 또 다른 예가 될 수 있지 않을까?

첫 번째 장면

은은한 빛이 흐르는 침실에 잘 생긴 남자가 침대 위에 누워 있다. 젊고 아름다운 여자가 잠옷을 입고 침대로 뛰어올라간다. 다이아몬드 결혼 반지가 여자의 왼손에서 고결하게 반짝거린다. 한편 오른손에는 파란색의 길쭉한 종이 조각이 쥐어져 있다. 여자는 고개를 숙여 남자의 귀에 입을 맞춘다.

여자: "여보, 오늘이 바로 그 날이야."

두 번째 장면

조금 전에 그 침실에 등장했던 그 커플이 모습을 드러낸다. 둘은 사랑을 나누고 있다. 어두운 조명이 상세한 몸짓을 가려 주고 있다. 그 다음 화면이 위로 이동해 벽에 걸린 달력을 잡는다. 이전 장면에서 비추어졌던 다이아몬드 반지를 낀 손이 달력을 넘겨 시간이 흐르는 것을 암시한다.

세 번째 장면

이전에 등장했던 아름다운 부부가 행복에 잠긴 채, 미소 짓는 예쁜 아기를 안고 있는 모습이 보인다.

남자: "그 날이 언제인지 알 수 있어서 정말 다행이야. 모두 오부스틱 덕분이지!"

네 번째 장면

조금 전 비추어졌던 우아한 손이 화면에 클로즈업된다. 그 손은 작고 길쭉한 파란색 종이 조각을 들고 있다. 아래 다음과 같은 자막이 나타난다. "오부스틱. 간편하게 집에서 배란을 확인하세요!"

만일 비비가 사람들의 텔레비전 광고를 이해할 수 있다면 이 광고를 보고 정말 웃긴다고 생각할 것이다. 비비의 경우 수컷이든 암컷이든 암컷의 배란 시기, 즉 암컷의 난소에서 난자가 배출되어 임신이 가능한 바로 그 시기를 알기 위해 지시약 키트를 살 필요는 절대로 없기 때문이다. 그때가 되면 암컷의 성기 주변의 피부가 부풀어 오르고 선홍색으로 변하기 때문에 멀리서도 알아볼 수 있을 정도이다. 뿐만 아니라 배란기가 되면 특유의 냄새도 발산한다. 그래도 알아보지 못하는 멍청한 수컷이 있으면 아예 그 앞에 몸을 웅크리고 앉아 엉덩이를 보여 준다. 대부분의 다른 동물 암컷 역시 자신의 배란 여부를 알 수 있으며 역시 뚜렷한 신호, 냄새, 행동 등으로 수컷에게 그 사실을 알린다.

우리 눈에는 벌겋게 불타오르는 엉덩이를 흔들고 다니는 비비의 암컷이 이상해 보인다. 그러나 실제로 배란 여부를 거의 알 수 없는 우리 인간이야말로 동물 세계에서 소수자에 속한다. 인간 남성은 자신의 배우자가 임신할 수 있는지 알아낼 수 있는 신뢰할 만한 수단을 가지고 있지 못하다. 전통 사회에서 그건 여성의 경우에도 마찬가지였다. 나는 많은 여성들이 생리 주기의 중간이 되는 시점에 두통이나 그밖에 특이한 감각을 경험한다고 들었다. 그러나 여성들은 과학자들이 말해 주기 전까지는 그것이 배란의 징후인지 알지 못했다. 그리고 과학자들 역시 1930년 무렵에야 그러한 증상이 배란과 관련된 것이라는 사실을 발견했다. 마찬가지로 여성들은 체온이나 점액을 관찰함으로써 배란 여부를 감지할 수 있다고 배운다. 그러나 그것은 동물의 암컷들이 배란 여부를 본능적으로 알게 되는 것과 많은 면에서 다르다. 만일 우리가 동물의 암컷들과 같이 본능적으로 배란 여부를 알 수 있다면 배란 지시약이나 피임 기구의 시장이 그렇게 번성할 리가 없다.

　　우리 인간은 시도 때도 없이 계속해서 섹스를 한다는 점에서 참으로 이상한 동물이다. 이러한 행동은 배란 현상이 감추어져 있다는 사실의 직접적인 결과이다. 인간을 제외한 대부분의 동물들은 겉으로 뚜렷하게 드러나는 암컷의 배란기 전후의 발정기라고 하는 짧은 기간 동안만 교미를 한다.(발정기를 뜻하는 estrus라는 명사와 estrous라는 형용사는 '등에'를 가리키는 그리스 어에서 유래되었다. 등에는 가축에 들러붙어 가축을 광란 상태로 만든다.) 발정기가 되면 비비의 암컷은 한 달가량의 금욕 생활을 떨치고 나와 많게는 100회까지 교미를 거듭한다. 한편 바바리원숭이의 암컷은 평균적으로 17분에 한 번씩 교미를 한다. 이들은 자신이 속한 부족의 성숙한 모든 수컷들과 적어도 한 번 이상 교미를 벌인다. 한편 일부일처제를 따르는 긴팔원숭이 부부는 암컷이 새끼를 낳은 후 그 새끼의 젖을 떼고 나서 다시 발정기에 들어가기까지 몇 년 동안 교미 없는 생활을 하기도 한다. 발정기가 되어 교미를 재개한 암컷이 새끼를 배면 긴팔원숭이 부부는 다시금 기나긴 금욕 생활로 되돌아가야 한다.

인간은 생리 주기의 어느 때건 섹스를 할 수 있다. 여성은 배란 여부와 상관없이 섹스를 원할 수 있고 남성 역시 자신의 파트너가 임신을 할 수 있는지, 즉 배란된 상태인지를 가리지 않고 관계를 가진다. 수십 년 동안의 과학적 연구 끝에 도달한 결론은 여성이 생리 주기의 어느 단계에서 가장 섹스에 관심을 갖는지 확실하지 않은 것으로 나타났다. 뿐만 아니라 섹스에 대한 여성의 관심이 주기적 변화를 겪는지조차 확실치 않다. 따라서 인간이 벌이는 섹스의 대부분은 여성이 임신을 할 수 없는 상태에서 이루어진다고 해도 과언이 아니다. 우리는 해야 할 때가 아닌 때에 섹스를 할 뿐만 아니라 심지어 임신 기간 중에도 하고, 폐경이 지난 후에도 한다. 절대로 임신할 수 없다는 것을 확실히 알고 있을 때인 데도 말이다. 나의 뉴기니 인 친구들 중 상당수는 임신 기간 말기까지 정기적으로 섹스를 해야만 한다고 생각한다. 반복적으로 공급해 주는 정액이 태아의 피가 되고 살이 된다고 믿는 것이다.

이처럼 인간의 섹스는 '생물학적' 관점에서 볼 때—그리고 섹스의 생물학적 기능을 수태라고 보는 가톨릭의 교리를 따른다면—어마어마한 노력의 낭비라고 볼 수 있다. 왜 여성은 대부분의 다른 동물과 같이 명확한 배란 신호를 보내서 남자들로 하여금 '쓸모 있는' 섹스를 할 수 있을 때까지 정력을 아껴 두도록 만들지 않는 것일까? 이 장에서 우리는 인간의 성적 습성의 중심이 되는 기묘한 생식 행동의 삼위일체, 즉 배란 여부가 겉으로 드러나지 않는다는 점, 여성이 거의 항상 섹스를 할 수 있는 상태에 있다는 점, 섹스가 쾌락의 원천이라는 점이 어떻게 진화되어 왔는지에 대해 알아볼 것이다.

이쯤에서 여러분은 나를 전혀 설명이 필요치 않은 문제를 들추어내어 설명을 찾으려고 애쓰는 상아탑에 갇힌 과학자로 판단할지도 모른다. 지구상 수십억 사람들의 외침이 내 귓가에 쟁쟁하게 들리는 듯하다. "제러드 다이아몬드가 왜 그렇게 바보 천치인지 하는 문제를 빼 놓고는 설명을 필요로 하는 문제가 대체 어디 있단 말이오? 우리가 왜 항상 섹스를 하는지 진짜 몰라서 묻는단 말이오? 아, 좋으니까 하지, 왜 해?"

그러나 불행히도 그러한 대답으로 만족할 수 없는 게 바로 과학자들이다. 동물들이 열성적으로 교미 행위에 매달리는 것을 보면 동물들 역시 좋아서 교미를 하는 것으로 보인다. 성 관계의 지속 시간을 기준으로 삼자면 주머니쥐는 인간보다 훨씬 더 많은 즐거움을 얻는 것처럼 보일 것이다.(이 동물은 보통 한 번 교미하는 데 12시간이 걸린다.) 그렇다면 왜 대부분의 동물들이 암컷이 임신할 수 있는 시기에만 교미를 즐거운 것으로 여기는 것일까? 행동은 해부학적 특성과 마찬가지로 자연선택을 통해 진화된다. 그러므로 만일 섹스가 즐거운 것이라면 그러한 결과에 이르도록 한 것은 다름 아닌 자연선택이라고 볼 수 있다. 그렇다. 개 역시도 교미를 즐긴다. 그러나 오직 적절한 때에만 교미의 즐거움을 누린다. 다른 대부분의 동물들과 마찬가지로 개는 교미가 나름대로 어떤 효용이 있을 때 교미를 즐기도록 진화되어 왔다. 자연선택은 자신의 유전자를 후손에게 가장 널리 퍼뜨리는 개체를 선호한다. 그렇다면 후손을 하나도 생산하지 못할 것이 분명한 때에 섹스를 즐기는 것이 유전자를 널리 퍼뜨리는 데 무슨 도움이 될 것인가?

성적 활동의 목적 지향적 본질을 잘 드러내 주는 한 가지 일화를 소개하고자 한다. 바로 2장에서 논의한 적 있는 조류인 알락딱새의 습성에 대한 이야기이다. 암컷 알락딱새는 난자가 수정될 준비가 된 시기, 즉 알을 낳기 며칠 전에만 교미를 하기 위해 수컷을 유혹한다. 그리고 일단 알을 낳기 시작하게 되면 암컷 새의 교미에 대한 관심은 완전히 사라져 버린다. 그래서 암컷은 교미하려고 접근하는 수컷들에게 저항하거나 무관심하게 행동한다. 그런데 조류학자들로 이루어진 연구진이 흥미로운 실험을 실시했다. 그들은 20마리의 알락딱새의 암컷이 알 낳기를 마친 직후에 그 짝인 수컷을 없애 버렸다. 그러자 이틀이 채 못 되어 짝 잃은 20마리의 암컷 가운데 6마리가 새로운 수컷을 유혹하는 것이 관찰되었고, 3마리는 실제로 교미를 했다. 뿐만 아니라 조류학자들이 보지 않을 때 새로운 수컷과 짝짓기를 시도하는 암컷이 더 있었을 것으로 보인다. 분명한 것은 이 암컷들이 수컷에게 자신이 가임 상태인 것처럼 위장했다는 점이다. 이 수컷들은 나중에 알이 부화되었을 때 새끼 새들의 진짜 아비는 따로 있다는 사실을 알 길이 없다. 적어도 몇몇 사례의 경우 암컷의 위장이 실제로 먹혀 들어가 새로운 수컷은 생물학적 아비가 했어야 할 일을 떠맡아 암컷이 낳은 새끼 새들을 위해 부지런히 먹이를 물어 날랐다. 이 이야기에서 짝 잃은 암컷 새들이 단순히 쾌락을 위해 교미를 추구하는 '즐거운 과부(merry widow)'라는 증거는 어디에서도 찾아볼 수 없다.

인간은 배란 여부가 드러나지 않고, 시도 때도 없이 섹스를 할 수 있으며, 즐거움을 위해 섹스를 한다는 점에서 매우 예외적인 경우라고 할 수 있는데, 우리가 이처럼 다른 동물들과 다른 특징을 가지고 있는 것은 바로 이렇게 진화되어 왔기 때문이다. 다른 동물들과 달리 자의식을 갖추고 있는 호모 사피엔스 종의 여성이 자신의 배란 여부를 의식하지 못한다는 점은 실로 아이러니가 아닐 수 없다. 암소와 같이 멍청한 동물들도 아는 사실을 말이다. 인간의 여성과 같이 영리하고 자의식이 강한 존재가 자신의 배란 사실을 모르게 하기 위해서는 뭔가 특별한 것이 필요했을 것이다. 곧 알게 되겠지만 과학자들은 그 특별한 것이 무엇인지 밝혀내는 데 커다란 어려움을 겪었다.

인간을 제외한 다른 동물들이 분별 있게도 교미를 하는 데 들이는 노력을 아끼는 이유는 간단하다. 동물들에게 있어서 섹스는 상당한 정도의 에너지와 시간을 소모시키고 한편으로 상해를 입거나 목숨을 잃을 수 있는 위험을 수반하는 활동이다. 왜 지나친 사랑이 해가 되는지 조목조목 열거해 보겠다.

1. 수컷은 정자를 생산하는 데 상당한 비용을 치러야 한다. 돌

연변이로 인해 정자의 생산이 줄어든 벌레는 정상적인 벌레보다 더 오래 사는 것으로 나타났다.

2. 교미를 하는 데에는 시간이 걸린다. 그 시간을 먹이를 찾아다니는 데 쓸 수 있다.

3. 사랑을 나누느라 한데 엉켜 있는 암수 한 쌍은 천적이나 맹수의 공격을 받기 쉽다.

4. 나이가 든 동물 또는 사람은 성행위가 주는 긴장을 견뎌 내지 못할 수도 있다. 프랑스의 황제 나폴레옹 3세는 성행위 도중 뇌졸중으로 죽었고, 넬슨 라커펠러 역시 복상사(腹上死)로 삶을 마감했다.

5. 발정기의 암컷을 차지하기 위한 수컷들끼리의 경쟁은 종종 암컷과 수컷 모두에게 심한 상해를 입힌다.

6. 많은 종에 있어서 제 짝이 아닌 다른 상대와의 성관계를 맺다가 들키는 것은 상당히 위험한 일이다.(인간의 경우 특히 악명 높다.)

인간은 다른 동물들처럼 효율적으로 성행위를 하지 않는다. 그렇다면 우리의 명백한 성적 비효율성은 그러한 희생을 상쇄할 만한 어떤 이점을 가지고 있는 것일까?

　　과학자들의 추론은 대개 인간의 또 다른 예외적 특성, 즉 인간의 아기는 무기력한 상태이기 때문에 수년에 걸쳐서 상당한 정도의 부모의 보살핌을 필요로 한다는 사실에 초점을 맞추고 있다. 대부분의 새끼 동물은 젖을 떼자마자 스스로 먹을 것을 구할 수 있다. 그 후 곧바로 부모로부터 완전히 독립하게 된다. 그렇기 때문에 대부분의 포유류 암컷들은 수컷의 도움 없이 혼자서 새끼를 키울 수 있으며 실제로 혼자서 키운다. 그러나 인간이 섭취해야 하는 대부분의 음식은 아장아장 걸어 다니는 유아의 솜씨나 정신 능력으로 얻을 수 있는 수준을 훨씬 넘어선다. 그 결과 우리의 아이들은 젖을 떼고 나서도 적어도 10년 정도는 먹을 것을 가져다주어야 하며 그 일은 부모 중 어느 한쪽이 혼자 떠맡기보다는 두 사람이 힘을 합쳐서 해 내는 쪽이 더 쉬울 것이다. 오늘날에도 어머니 혼자서 아이를 키우는 것은 매우 힘든 일이다. 그런데 선사 시대의 수렵 · 채집 사회에서는 훨씬 더 힘든 일이었을 것이다.

　　자, 그렇다면 지금 막 배란을 하고 그 난자가 수정이 된, 동굴에 살던 원시인 여성이 직면한 문제에 대해 생각해 보자. 다른 포유동물 같으면 제 짝을 임신시킨 수컷은 재빨리 돌아서 또 다른 배란된 암컷을 찾아 나설 것이다. 그런데 이 원시인 여성의 경우 남자가 떠나 버린다면 뱃속에 있는 아이는 굶어죽거나 맹수나 적에게 목숨을 잃을 가능성이 커진다. 그렇다면 이 여자는 남자를 잡아 두기 위해서 어떻게 해야 할까? 그녀의 현명한 해결 방법은 다음과 같다. 배란 후에도 성관계를 할 수 있는 상태로 머무는 것이다! 남자가 원할 때면 언제든 섹스에 응함으로써 남자를 만족시키는 것이다! 그렇게 된다면 남자는 또 다른 섹스 상대를 찾아 나설 필요 없이 여자 주변에 머물 것이다. 게다가 어쩌면 사냥해서 잡아온 짐승의 고기도 나누어 주게 될 것이다. 쾌락의 원천으로서의 섹스는 이처럼 남성과 여성이 무기력한 상태의 아기를 함께 기르도록 그 둘 사이를 하나로 묶어 주는 접착제와 같은 역할을 한다고 볼 수 있다. 이러한 추론은 과거에 인류학자들 사이에 받아들여졌던 이론으로 상당한 근거를 가진 것으로 보인다.

그러나 우리가 동물의 행동에 대해서 점점 더 많이 알아 갈수록 "섹스가 가족의 가치를 공고히 하는 역할을 한다."는 이론에 대해 많은 의문이 제기되었다. 침팬지, 특히 보노보는 우리 인간보다 더욱 빈번하게 섹스를 벌인다.(하루에도 대여섯 번씩 관계를 갖는 것이 보통이다.) 그러나 이 동물들은 상대를 가리지 않는 문란한 성생활을 영위하고 배우자 간의 유대는 싹트지 않는다. 반면 수컷이 섹스라는 뇌물 없이도 자신의 짝과 새끼들 곁에 머무는 수많은 종의 포유류가 존재한다. 많은 경우에 일부일처제의 부부 관계를 유지하는 긴팔원숭이의 경우 몇 년씩 교미를 하지 않고 지내기도 한다. 또한 우리는 정원의 명금(鳴禽)이 얼마나 열심히 암컷을 도와 둥지 속의 새끼들에게 먹이를 물어다 주는지 볼 수 있다. 명금의 암수 역시 일단 수정이 된 후에는 교미를 하지 않는 데도 그러하다. 심지어 여러 마리의 암컷으로 이루어진 하렘을 거느리고 사는 수컷 고릴라도 1년에 몇 번 정도밖에 교미를 할 기회가 없다. 자신의 하렘에 속하는 암컷들이 대부분 새끼에게 수유를 하고 있다든지 발정기를 벗어난 상태에 있기 때문이다. 그런데 왜 인간의 여성만은 다른 동물의 암컷과 달리 어느 때고 섹스에 응해서 남자들의 비위를 맞춰야 한다는 말일까?

인간의 부부와 금욕 생활을 하는 다른 동물 종의 암수 짝 사이에는 매우 중요한 차이가 있다. 긴팔원숭이나 대부분의 명금, 고릴라 등의 동물은 개체들이 한데 모여 사는 것이 아니라 서로 흩어져서 살아간다. 암수 한 쌍 또는 한 마리의 수컷을 중심으로 한 여러 암컷의 하렘이 특정 영토를 점유하고 그들끼리만 그곳에서 사는 것이다. 이러한 생활 방식의 경우에는 자신의 배우자 이외의 다른 이성을 마주하게 될 가능성 자체가 매우 낮다. 전통적인 인간 사회의 가장 두드러진 특성 가운데 하나는 짝을 이룬 남녀들이 다른 남녀 쌍들로 이루어진 커다란 집단 속에서 함께 살아가며 경제적으로 협동한다는 점이라고 할 수 있을 것이다. 이와 비슷한 생활 패턴을 다른 종에서 찾아보자면 우리의 포유류 친족의 범위에서 밖으로 한참 더 나아가 군집을 이루며 그 속에서 둥지를 틀고 사는 바다새까지 가야 한다. 그러나 이 바다새의 경우에도 인간의 경우와 달리 짝을 지은 암수 한 쌍은 다른 새들에게 별로 경제적으로 의존하지 않는다.

인간의 성적 딜레마는 아버지와 어머니가 수년에 걸쳐서 혼자서는 아무것도 할 수 없는 아기를 돌봐야 하지만 한편으로 아기의 아버지와 어머니는 주위에 있는, 생식 능력을 갖춘 다른 성인들로부터 끊임없이 유혹을 받는 상황이라는 것이다. 혼외 정사로 인한 결혼 생활의 파탄과 그것이 부모의 자녀 양육에 미치는 파괴적인 결과는 인간 사회에 널리 퍼져 있는 문제점이기도 하다. 인간은 배란 여부가 드러나지 않고, 여성이 언제나 섹스에 응할 수 있도록 진화되어 왔고 그 결과 우리만의 독특한 조합, 즉 결혼, 부모의 공동 양육, 혼외 정사의 유혹으로 이루어진 조합이 가능하게 되었다. 이 모든 것이 어떻게 서로 맞물려 있는 것일까?

과학자들이 뒤늦게 이러한 역설을 깨닫게 되자 서로 경합하는 이론들이 마치 눈사태처럼 쏟아져 나왔다. 각 이론들은 어느 정도 이론 주창자의 성별을 반영한다. 예를 들어서 어떤 남성 과학자는 매춘 이론을 내놓았다. 여성은 사냥꾼인 남성으로부터 성을 대가로 고기를 얻었다는 주장이다. 다른 남성 과학자는 여성이 외도를 하는 것은 외도를 통해 더 좋은 유전자를 얻도록 진화했기 때문이라고 주장했다. 자신이 속한 부족의 강제 때문에 불운하게도 무능한 남편과 짝지어진 혈거인(穴居人) 여성이 어느 때고 섹스를 할 수 있는 점을 이용해서 다른 이웃 혈거인 남성을 유혹해 관계를 맺고 그의 씨를 받아 임신함으로써 우월한 유전자를 후손에게 물려주었다는 것이다.

한편 어떤 여성 과학자는 역피임 이론(anticontraceptive theory)을 내놓았다. 이 여성 과학자는 인간의 경우 태어나는 아기의 신체 크기 대 산모의 신체 크기의 비가 진화적으로 가까운 친족인 유인원 종류에 비해서 유난히 크고 그 결과 출산의 고통과 위험이 유달리 크다는 점을 잘 알고 있었던 것이다. 사람의 경우 약 50킬로그램의 몸무게를 가진 산모가 3킬로그램의 아기를 낳는다고 한다면, 그 2배 되는 체격의(약 100킬로그램) 암컷 고릴라는 고작 인간 아기의 절반 정도의 몸무게(약 1.5킬로그램)를 가진 새끼를 낳는다. 그 결과 인간의 산모는 현대처럼 의학 기술의 발달하기 전에는 아기를 낳다가 죽는 경우가 많았고 예전에나 지금에나 아기를 낳을 때 누군가의 도움을 필요로 했다.(오늘날의 제1세계의 경우 산과 의사와 간호사가, 그리고 전통 사회에서는 산파나 다른 나이 든 여성이 도움을 주었다.) 반면 고릴라의 암컷은 다른 고릴라의 도움 없이 혼자서 새끼를 낳으며, 지금까지 고릴라가 새끼를 낳다가 죽었다는 기록은 찾아볼 수 없다. 따라서 역피임 이론에 따르면 출산의 고통과 위험을 잘 알고 있었고, 거기다 자신의 배란 여부를 알 수 있었던 헐거인 여성들은 그 지식을 오용해서 배란기에 일부러 성관계를 피했다는 것이다. 그러한 여성은 자신의 유전자를 후손에게 물려주지 못하게 되었고, 그 결과 이 세상은 자신이 언제 배란하는지 알지 못하고 그래서 배란기에 성교를 피하지 못했던 여성들의 후손으로 채워지게 되었다는 것이다.

　이처럼 인간 여성의 배란이 감추어지게 된 이유를 설명하고자 하는 수많은 가설들 가운데 대략 두 가지 가설이 혼탁한 경쟁을 뚫고서 가장 그럴듯한 가설로 우뚝 서 있다. 그 두 이론을 나는 각각 "아빠를 집에(daddy-at-home)" 이론과 "여러 아빠(many-fathers)" 이론이라고 부르고자 한다. 이 두 가설은 사실상 서로 정반대의 위치에 서 있다. '아빠를 집에' 이론에 따르면 배란이 겉으로 드러나지 않고 감추어지게 된 것은 일부일처제를 공고히 하고 남자들로 하여금 가정에 머무르도록 함으로써 남자가 자신의 아내가 낳은 아이들이 자신의 아이라는 확신을 갖도록 하기 위해서이다. 한편 '여러 아빠' 이론에 따르면 배란이 감추어진 것은 여성으로 하여금 더 많은 남자들과 자유롭게 성관계를 맺도록 하고 그 결과 남자들이 여자가 낳은 아이가 누구의 아이인지 정확히 알 수 없도록 만들기 위해서이다.

먼저 생물학자인 리처드 알렉산더(Richard Alexander)와 캐서린 누넌(Katherine Noonan)이 주장하는 '아빠를 집에' 이론에 대해 살펴보자. 이 이론을 이해하기 위해서 일단 만약에 여자들이 확실한 신호로써 배란기를 드러낸다면, 예를 들어서 비비의 암컷처럼 엉덩이가 배란기에 선홍색으로 부풀어 오른다거나 한다면, 과연 남녀의 결혼 생활이 어떤 모습이 될지를 상상해 보자. 남편은 부인의 엉덩이 색깔을 보고 부인이 배란 중인지 어떤지를 바로 알 수 있을 것이다. 그리하여 엉덩이 색이 붉게 변한 날이면 집에 머무르면서 열심히 부인과 사랑을 나누어 부인으로 하여금 자신의 유전자를 지닌 아이를 잉태하게끔 할 것이다. 그러나 그는 부인의 엉덩이가 창백한 빛깔을 띠고 있는 날이면 부인과 성교를 해 봐야 아무런 소용이 없다는 사실을 알게 된다. 그 결과 밖으로 나돌면서 임자 없는, 엉덩이에 붉은 테를 두른 숙녀를 찾아다니게 될 것이다. 그리하여 그러한 여자를 만나게 되면 그 여자와 관계를 맺어 자신의 유전자를 지닌 자녀를 더 많이 만들어 내고자 할 것이다. 그는 또한 자신의 아내를 집에 남겨 두고서도 안심할 수 있을 것이다. 왜냐하면 아내는 지금 배란기가 아니므로 성교를 할 수 없고, 설사 한다고 하더라도 임신이 되지 않을 테니 말이다. 이것이야말로 실제로 거위, 기러기, 알락딱새의 수컷들이 즐기는 상황이다.

그런데 인간의 경우라면 이처럼 배란기가 드러나는 결혼 생활의 결과는 끔찍한 것이 될 수밖에 없다. 아버지는 집에 거의 들어오지 않고, 어머니 혼자 아이들을 키우는 것은 너무나 힘에 부치는 일이다. 그와 같은 상태에서 아이들은 떼로 죽어가게 될 것이다. 이것은 어머니뿐만 아니라 아버지에게도 끔찍한 결과이다. 왜냐하면 어머니, 아버지 모두 자신의 유전자를 퍼뜨리는 데 실패하게 될 테니 말이다.

　자, 그렇다면 그 반대의 시나리오를 검토해 보자. 남편이 아내의 배란 여부를 전혀 알 수 없는 상황 말이다. 그렇다면 이번에는 남편은 가능한 한 많은 날 동안 아내와 함께 지내며 사랑을 나누고자 할 것이다. 그렇게 함으로써 아내가 임신하게 될 가능성이 커질 테니 말이다. 남편이 집에 머무르고자 하는 또 다른 동기는 아내에게 다른 남성의 손길이 뻗치지 않도록 지속적으로 지켜야 할 필요성이다. 왜냐하면 그가 집을 떠난 순간에 아내가 임신을 할 수 있는 상태가 될 수도 있기 때문이다. 어떤 바람둥이 남편이 다른 여자의 침대 위에서 잠든 바로 그날 밤 운수 사납게도 그의 아내가 배란을 했다고 치자. 그런데 그가 집을 떠나 있기에 이웃의 다른 어떤 놈이 그의 아내의 침대 속으로 기어 들어왔다고 하자. 그렇다면 운수 나쁜 바람둥이 남편이 어차피 배란기도 아닌 다른 여자의 몸에 정액을 낭비하고 있는 동안 그의 아내는 다른 남자의 씨를 받아 임신하게 될 수도 있는 것이다. 이러한 정반대의 시나리오에서 남자들은 여자를 찾아 밖으로 나돌 이유가 더 적어진다. 왜냐하면 이웃의 아내 중 누가 임신할 수 있는 상태인지 어차피 알 수 없을 테니 말이다. 이로써 모두의 마음이 훈훈해지는 결과가 얻어진다.

아버지가 가족 곁에 머물면서 아이를 보살피는 일에 동참하고 그 결과 아기는 살아남을 수 있게 된다! 이것은 어머니뿐만 아니라 아버지에게도 좋은 일이다. 이 경우 둘 다 자신의 유전자를 후세에 전달할 수 있게 되었으니 말이다.

실제로, 알렉산더와 누넌은 인간 여성의 특이한 생리적 특성이 배우자를 집에 머무르도록 (적어도 그렇지 않은 경우보다는 머무르게 될 확률이 높도록) 만든다고 주장했다. 이로써 여성은 육아에 협조해 줄 배우자를 얻게 된다. 그러나 남성 역시 이로부터 얻는 것이 있다. 그가 자신의 아내에게 협조하고 아내의 몸이 가르치는 대로 따른다면 말이다. 집에 머무름으로써 그는 자신이 힘을 합쳐 기르는 아이가 자신의 아이라는 확신을 가질 수 있게 된다. 그는 자신이 사냥을 나간 동안에 자기 아내의 (마치 비비의 암컷처럼) 엉덩이에 갑자기 붉은 등이 켜지면서 주위의 구애자들을 모두 불러 모아 공개적으로 모든 남자들과 짝짓기를 벌이지는 않을까 노심초사하지 않아도 된다. 남자들은 이 기본 원칙을 너무나 충실하게 받아들인 나머지 심지어 아내가 임신 중일 때에도, 그리고 폐경이 지난 후에도 아내와 육체적 사랑을 나눈다. 남자 역시 아내가 임신을 할 수 없다는 사실을 너무나 잘 알면서도 말이다. 따라서 알렉산더와 누넌의 관점에 따르면 여성의 배란이 감추어지게 되고 여성이 항상 성교에 응할 수 있게 된 것은 일부일처제, 남성의 양육 동참, 남성의 친자 관계에 대한 확신을 부추기기 위하여 진화된 것이다.

　　이러한 견해와 경쟁 관계에 있는 '여러 아빠' 이론은 데이비스의 캘리포니아 대학교에 재직하는 인류학자 세라 하디(Sarah Hrdy)가 제안했다. 인류학자들은 현대 사회에서 법으로 금하고 있는 유아 살해가 수많은 전통 사회에서 흔히 자행되어 왔다는 사실을 오래전부터 알고 있었다. 그런데 최근 하디를 비롯한 과학자들의 현장 연구가 실시되기 전까지 동물학자들은 동물 세계에서도 유아 살해가 얼마나 빈번하게 일어나는지에 대해 주의를 기울이지 않았다. 유아 살해의 습성을 보이는 동물은 사자에서부터 아프리카 사냥개(African hunting dog)에 이르기까지 광범위하며 여기에는 우리 인간의 가장 가까운 친족인 고릴라와 침팬지도 포함된다. 유아 살해는 대개 성숙한 수컷이 자신과 한 번도 교미를 한 적이 없는 암컷의 새끼를 죽이는 경우가 많다. 예를 들어서 다른 수컷의 영토에 침입한 수컷이 기존의 수컷을 몰아내고 그 수컷이 거느리고 있던 암컷들의 하렘을 차지할 때 새끼들의 살육이 자행된다. 침입자인 수컷은 자신이 죽이는 어린 동물들이 자신의 새끼가 아니라는 사실을 확실히 알고 있다.

유아 살해는 과연 소름 끼치는 일이고, 자연스럽게 우리는 왜 동물들 사이에서 (그리고 예전의 인간 사회에서) 그러한 끔찍한 일이 자행되었는지 의문을 갖게 된다. 그런데 잘 생각해 보면 유아 살해를 자행하는 수컷은 엄청난 유전적 이익을 얻게 된다는 것을 알 수 있다. 여성 혹은 암컷은 자신의 아기 혹은 새끼에게 젖을 먹이는 동안에는 배란을 하지 않는다. 그런데 어떤 무리를 정복한 침입자는 그 무리의 암컷 혹은 여성이 데리고 있는 새끼 혹은 아기와 유전적으로 아무런 관계를 맺고 있지 않다. 그가 아기 혹은 새끼를 살해함으로써 그 어미의 수유를 중단시키고 그럼으로써 어미의 생식 주기를 재개시킬 수 있다. 대부분의 동물 유아 살해에서 침입자 수컷은 새끼를 잃은 암컷을 곧 임신시켜 그 암컷으로 하여금 자식 살해자의 유전자를 지닌 새끼를 낳도록 한다.

동물의 세계에서 어린 새끼들의 사망 원인의 상당 부분을 차지했던 유아 살해 관행은 어미들에게는 매우 심각한 문제였다. 암컷에게 있어서 새끼의 죽음은 상당한 정도의 유전적 투자분의 손실이 아닐 수 없다. 예를 들어서 암컷 고릴라는 보통 일생 동안 적어도 한 번 이상 유아 살해로 인해 새끼를 잃는다. 원래 하렘의 주인이었던 수컷을 몰아내고 새로이 하렘을 차지하고자 하는 침입자 수컷이 새끼를 살해하는 것이다. 실제로 새끼 고릴라의 사망 원인 가운데 3분의 1은 성숙한 수컷 고릴라의 유아 살해로 인한 것이다. 만일 암컷이 눈에 띄는 신호를 수반하는 짧은 발정기를 갖는다면, 지배자인 수컷은 손쉽게 그 발정기 동안 암컷을 독점할 수 있을 것이다. 그럴 경우 다른 모든 수컷들은 암컷이 낳은 새끼가 자신의 경쟁자의 새끼라는 사실을 확실히 '알고' 그에 따라 주저하지 않고 그 새끼를 죽일 수 있을 것이다.

그런데 만일 암컷이 발정기를 드러내지 않고 언제든 교미에 응할 수 있다면 어떨까? 암컷은 그러한 이점을 이용해서 많은 수컷들과 교미를 할 수 있을 것이다. 설사 자신의 배우자의 눈을 피해 몰래 하는 교미일지라도 말이다. 그럴 경우 어떤 수컷도 그 암컷이 낳은 새끼가 자신의 새끼라고 확신할 수는 없겠지만, 그 대신 많은 수컷들이 어쩌면 자신이 그 암컷을 임신시킨 주인공일지도 모른다는 생각을 할 것이다. 만일 그 수컷 중 한 마리가 언젠가 암컷의 배우자인 우두머리 수컷을 몰아내고 그 자리를 차지하게 된다면 그때 이 수컷은 암컷이 낳은 새끼를 죽이지 못할 것이다. 어쩌면 그 새끼가 바로 자신의 새끼일지도 모르기 때문이다. 어쩌면 그 새끼를 보호해 주고 그밖에 다른 형태의 보살핌을 제공할지도 모른다. 뿐만 아니라 암컷의 배란이 감추어질 경우 무리 안 수컷들 간의 다툼 역시 줄어들게 될 것이다. 암컷과 교미를 한 번 한다고 해서 그것이 임신으로 이어질 가능성은 매우 적으므로 이제 더 이상 암컷과의 교미를 놓고 서로 피 터지게 싸울 필요가 없어진 것이다.

암컷이 겉으로 드러나지 않는 배란을 이용해서 어떻게 교묘하게 수컷을 속이는지에 대한 예를 사바나원숭이(savana monkey, Cercopithecus acthiops)라는 아프리카 원숭이의 경우에서 찾아볼 수 있다. 동아프리카의 야생 공원을 찾은 사람들은 이 원숭이를 흔히 볼 수 있다. 사바나원숭이는 많게는 수컷 7마리와 암컷 10마리 정도로 이루어진 무리 속에서 살아간다. 암컷은 해부학적으로나 행동으로 배란의 신호를 나타내지 않는다. 그렇기 때문에 생물학자인 샌디 앤델만(Sandy Andelman)은 사바나원숭이의 무리가 살고 있는 아카시아나무 아래에서 깔때기와 병을 들고 기다리고 섰다가 암컷의 소변을 모았다. 소변을 분석해서 배란의 징후를 보이는 호르몬의 변화를 찾았던 것이다. 앤델만은 또한 그 원숭이의 교미 패턴을 추적했다. 그 결과 암컷 원숭이는 배란이 시작되기 훨씬 전부터 교미를 하기 시작해서 배란이 끝나고도 한참 후까지 교미를 하는 것을 발견했다. 실제로 임신 중반에 이르러서 교미 정도가 절정에 도달했다.

임신 중반까지는 암컷의 배가 눈에 띌 정도로 부풀어 오르지 않아서 수컷은 자신이 완전히 헛짓을 하고 있다는 것을 모른 채로 임신한 암컷과 교미를 벌인다. 암컷은 임신 후반기에 이르러서야 교미를 중지한다. 이때쯤이면 나온 배 때문에 더 이상 수컷들을 속일 수도 없다. 그 정도만 해도 무리에 속하는 대부분의 수컷들이 무리 안의 대부분의 암컷과 실컷 섹스를 벌이고도 남을 충분한 시간이 있다. 무리의 수컷 중 3분의 1은 자유로운 상태의 모든 암컷과 교미를 할 수 있었다. 따라서 배란이 겉으로 드러나지 않는다는 점을 이용해서 사바나원숭이의 암컷은 모든 잠재적 유아 살해자인 이웃 수컷들을 너그러운 중립적 자세를 취하도록 만드는 것이다.

간단히 말해서 하디에 따르면 암컷의 배란이 감추어지게 된 것은 새끼에 대한 성숙한 수컷의 위협을 최소화하기 위한 진화적 적응이라는 것이다. 알렉산더와 누넌이 감추어진 배란은 친부 친자 관계를 확실히 해 두고 일부일처제를 강화시키기 위한 것이라고 주장한 데 반해서 하디는 감추어진 배란이 오히려 친부 친자 관계를 혼란시키고 효과적으로 일부일처제를 해체하기 위해서라고 주장한 것이다.

이 즈음에서 여러분은 '아빠를 집에' 이론과 '여러 아빠' 이론에 모두 잠재되어 있는 한 가지 문제점에 대해 의문을 제기할 것이다. 두 이론 모두 여성이 남성에게 배란 사실을 숨기기 위한 것이라고 설명하고 있는데 그렇다면 왜 인간의 배란은 여성 자신도 눈치채지 못하도록 진화된 것일까? 이를테면, 여성의 엉덩이는 1년 365일 모두 붉게 부풀어 올라서 남성을 속일 수 있지만 그녀 자신은 배란의 느낌을 알 수 있고, 욕정에 불타는 남자 앞에서 섹스에 관심이 있는 척 가장할 수 있다면 어떨까?

이러한 의문에 대한 대답은 분명하다. 여성이 자신이 현재 생식적으로 불활성화된 상태라는 사실을 알고서 거짓으로 성교에 응하면서 상대인 남자를 완벽하게 속이는 것은 매우 어려운 일이었을 것이다. 이러한 측면은 특히 '아빠를 집에' 이론에 적용된다. 여성이 한 남성과 오래도록 지속되는 일부일처제적 관계를 맺는다면 두 사람은 서로 매우 친밀한 사이가 될 것이고 그러한 관계 속에서 자신이 속지 않은 채로 남편을 속이기는 매우 어려울 것이다.

유아 살해가 커다란 문제가 되는 동물 종(그리고 아마도 선사 시대의 인간 사회 역시)에서는 '여러 아빠' 이론이 그럴듯하게 적용될 것이 틀림없다. 그러나 이 이론은 우리가 알고 있는 오늘날의 인간 사회와 합치시키기 어렵다. 혼외 정사가 일어나는 것은 사실이다. 그러나 아이의 친부를 의심하게 되는 경우는 예외에 속하는 것이지 사회의 보편적 현상은 아니다. 유전자 검사를 통해 미국과 유럽의 아기들의 적어도 70퍼센트, 많게는 95퍼센트가 실제로 어머니의 합법적인 남편의 아이인 것으로 밝혀졌다. 따라서 수많은 남자들이 한 아이의 둘레를 맴돌면서 자애로운 관심을 보이고, 심지어 아이에게 선물을 퍼붓거나 보살핌의 손길을 내밀며 "사실은 내가 너의 진짜 아빠일지도 모른단다."라고 마음속으로 생각하는 경우는 거의 찾아보기 어렵다.

따라서 오늘날 여성이 항상 섹스에 응할 수 있는 상태인 이유가 유아 살해로부터 아이들을 보호하기 위한 것이라고 보기는 어렵다. 그러나 앞으로 살펴보게 되겠지만 여성들은 오래전에 이러한 동기를 지녔을지도 모른다. 그리고 그 과거에 섹스는 오늘날과 전혀 다른 기능을 수행했을지도 모른다.

그렇다면 우리는 이 경쟁적인 두 이론을 어떻게 평가해야 할까? 인간 진화에 대한 다른 문제들과 마찬가지로 이 문제는 화학자들이나 분자생물학자들이 선호하는 방식, 즉 시험관을 이용한 실험으로 풀 수 있는 문제가 아니다. 만일 우리가 어떤 인간 집단을 골라서 그 집단의 여성을 배란기가 되면 신체 일부가 붉게 변하고 다른 때에는 창백하게 남아 있도록 만들 수 있다면, 그리고 그 개체의 남성들은 오직 붉게 변한 여성에게만 성욕을 느끼도록 만들 수 있다면, 우리는 시험관을 이용한 실험처럼 분명한 결과를 드러내는 실험을 해 볼 수 있을 것이다. 과연 그러한 집단의 남성이 더 바람을 피우고 자녀를 덜 돌보게 될지('아빠를 집에' 이론의 예측) 아니면 바람을 덜 피우고 유아 살해를 더 많이 일으키게 될지('여러 아빠' 이론의 예측)를 확인할 수 있을 것이다. 그러나 안타깝게도 지금 현재로서는 그와 같은 실험은 불가능하다. 그리고 설사 유전자 조작을 통해 그러한 조건을 만들어 내는 것이 가능해진다고 하더라도 실제로 그러한 실험을 수행하는 것은 비윤리적인 일이 될 것이다.

그러나 우리는 진화생물학자들이 이런 문제를 풀어 나갈 때 사용해 온 또 다른 강력한 기술에 의존할 수 있다. 그것은 바로 '비교 연구(comparative method)'라는 방법이다. 인간만 유일하게 배란이 감추어져 있는 것은 아닌 것으로 드러났다. 비록 동물계 전체로 볼 때 배란이 드러나지 않는 것은 매우 예외적인 현상이지만 인간이 속한 집단인 고등 영장류(원숭이와 유인원)의 경우 배란이 드러나지 않는 경우는 비교적 흔한 것으로 나타났다. 수십 종의 영장류들이 배란을 할 때 겉으로 드러나는 시각적 신호를 나타내지 않고, 또 다른 많은 종들은 신호를 보이기는 하되 미미한 정도이며, 나머지 영장류들은 아주 눈에 잘 띄는 신호를 보낸다. 각 종의 생식과 관련된 생물학적 특성은 자연이 수행한 실험의 결과, 즉 감추어진 배란이 가져다준 이점과 결점을 보여 준다. 영장류 종들을 비교함으로써 우리는 배란이 감추어져 있는 종들이 공통적으로 가지고 있으되, 배란이 겉으로 드러나는 종들은 가지고 있지 않은 특성이 무엇인지 알아볼 수 있다.

이러한 비교 연구의 결과는 우리의 성적 행동에 새로운 빛을 비추어 준다. 이것은 스웨덴의 생물학자인 비르이타 실렌툴베리(Birgitta Sillén-Tullberg)와 안데르스 묄레르(Anders Møller)의 중요한 연구 주제이다. 그들의 분석은 네 단계로 이루어졌다.

1단계

실렌툴베리와 묄레르는 가능한 한 많은 수의 영장류 종을 대상으로(총 68종) 눈에 띄는 배란의 특성을 도표화했다. 잠깐, 여러분은 아마 즉시 이의를 제기할 것이다. 누구의 눈에 띈다는 거지? 원숭이는 어쩌면 우리의 눈에는 보이지 않지만 원숭이들끼리는 확실히 알 수 있는 신호를 주고받을지도 모른다. 이를테면 냄새(페로몬)와 같은 신호 말이다. 예를 들어서 최상품 젖소에게 인공 수정을 하려고 하는 가축 사육 업자에게는 언제 암소가 배란을 하는지 알아내는 것이 커다란 문제이지만 수소에게는 그건 문제도 아니다. 암소가 풍기는 냄새와 행동만으로 배란 여부를 즉시 알 수 있는 것이다.

그렇다. 그 문제를 무시할 수는 없다. 그러나 고등 영장류의 경우에 이것은 암소만큼 심각한 문제는 아니다. 대부분의 영장류는 낮에 활동하고 밤에 잠을 자며 감각 중 시각에 크게 의존한다는 점에서 인간과 비슷하다. 후각이 제대로 기능하지 않는 붉은원숭이(rhesus macaque, *Macaca mulatta*)의 수컷도 암컷의 성기 주변이 약간 붉게 변한 것으로 암컷이 배란기에 있는지를 알아볼 수 있다. 비록 비비의 경우처럼 눈에 확 띌 정도로 변화가 뚜렷하지는 않지만 말이다. 우리 인간이 '눈에 띄는' 배란의 신호를 나타내지 않는다고 분류하는 원숭이의 종은 수컷 원숭이 역시 암컷의 배란 여부에 혼란을 느낄 것이 확실하다. 왜냐하면 이 수컷들은 전적으로 부적절한 시기, 즉 암컷이 발정기가 아니거나 임신했을 때에도 교미를 하기 때문이다. 따라서 우리 기준의 '눈에 띄는 신호'는 나름대로 가치가 있다고 할 수 있다.

이러한 분석의 첫 단계 결과 연구 대상이 되었던 영장류의 절반 정도(68종 가운데 32종)는 배란을 알리는 눈에 띄는 신호가 없다는 점에서 우리 인간과 비슷한 것으로 나타났다. 이 32종에는 사바나원숭이, 명주원숭이, 거미원숭이 같은 원숭이와 유인원 중 한 종인 오랑우탄이 포함된다. 그 다음 우리의 가까운 친족인 고릴라를 포함한 18종은 약간의 신호를 보인다. 마지막으로 남은 18종은 눈에 잘 띄는 방식으로 배란을 선전하는데 여기에는 비비와 우리의 가까운 친족 침팬지가 포함된다.

2단계

실렌툴베리와 밀레르는 이번에는 이 68종의 영장류를 짝짓기 시스템에 따라 분류했다. 그중 11종(명주원숭이, 긴팔원숭이, 수많은 인간의 사회)은 일부일처제를 채택하고 있는 것으로 드러났다. 23종(일부 인간 사회 및 고릴라 포함)은 한 마리의 수컷(또는 한 사람의 남성)이 여러 마리의 암컷(또는 여러 명의 여성)을 거느리고 있는 하렘을 구성하고 있었다. 그런데 가장 많은 수의 영장류 종(사바나원숭이, 보노보, 침팬지를 포함한 34종)은 문란한(promiscuous) 방식, 즉 암컷들이 일상적으로 다수의 수컷과 관계를 맺는 것으로 나타났다.

여러분은 어쩌면 이 시점에서도 이의를 제기할지 모르겠다. 왜 인간 역시도 문란한 성생활을 영위하는 종으로 분류하지 않느냐고. 그래서 나는 '일상적으로'라는 말을 주의 깊게 사용했다. 그렇다. 대부분의 여성들이 일생 동안 순차적으로 다수의 남성들과 성관계를 맺을 수 있다. 그리고 많은 여성들이 동시에 여러 남자들과 관계를 맺기도 한다. 그러나 인간의 사회에서는 생식 주기 중 어느 때라고 하더라도 여성이 한 남성과 관계를 맺는 것이 일반적 기준(norm)이다. 그러나 사바나원숭이나 보노보의 암컷에게는 여러 마리의 수컷과 관계를 맺는 것이 기준인 것이다.

3단계

마지막 이전 단계로서 실렌툴베리와 밀레르는 1단계와 2단계를 결합해서 암컷의 배란 상태가 눈에 더 잘 띄거나 잘 띄지 않는 것이 특정 짝짓기 방식과 관련을 맺고 있는 경향은 없는지 살펴보았다. 앞서 소개한 두 이론을 있는 그대로 해석할 때, 만일 '아빠를 집에' 이론이 옳다면 배란이 겉으로 드러나지 않는 것이 일부일처제를 행하는 종의 특징이 되어야 할 것이다. 반대로 '여러 아빠' 이론이 옳다면 숨겨진 배란은 문란한 종의 특징이 되어야 할 것이다. 그런데 실제에 있어서는 연구 대상 가운데 일부일처제를 따르는 영장류 종 가운데 압도적 다수(11종 중 10종)가 배란이 겉으로 드러나지 않는 특징을 보였다. 일부일처제를 따르는 영장류 가운데 어느 한 종의 암컷도 배란 사실을 눈에 띄게 광고를 하지 않았다. 이처럼 요란하게 배란 사실을 겉으로 드러내는 경우는 대개 문란한 종인 것으로(18개 사례 중 14개 사례) 나타났다. 이러한 사실은 '아빠를 집에' 이론에 강력한 힘을 보탠다.

그러나 예측과 이론 사이의 정합성은 오직 절반만 맞아 들어갈 뿐이다. 왜냐하면 역의 경우가 성립하지 않기 때문이다. 일부일처제를 따르는 종의 경우 대부분 배란 상태가 겉으로 드러나지 않는 것은 사실이지만 그렇다고 해서 배란 상태가 드러나지 않는 것이 일부일처제를 보장해 주지는 않는다. 배란 상태가 겉으로 드러나지 않는 32종의 영장류 가운데 22종은 일부일처제를 따르지 않는다. 그 대신 문란하게 짝짓기를 하거나 하렘을 구성한다. 배란이 겉으로 드러나지 않는 종에는 일부일처제의 올빼미원숭이

(night monkey, *Aotus trivirgatus*)도 포함되고, 많은 경우에 일부일처제를 따라 사는 인간도 포함되지만 하렘을 구성하는 마른원숭이(langur monkey)와 문란한 성생활을 하는 사바나원숭이가 포함된다. 따라서 일차적으로 배란 상태가 겉으로 드러나지 않도록 진화된 원인이 무엇이건 간에, 이 특징은 그 후에 다양한 짝짓기 시스템 속에서 계속 유지되어 왔던 것으로 보인다.

이와 마찬가지로 배란 사실을 요란하게 광고해 대는 종의 대부분이 문란한 짝짓기 방식을 가지고 있지만, 문란하다고 해서 모두 배란을 겉으로 눈에 띄게 드러내는 것은 아니다. 오히려 대다수의 문란한 영장류들은(34종 가운데 20종) 배란이 눈에 띄지 않거나 아주 살짝만 눈에 띄는 특징을 보인다. 마찬가지로 하렘을 형성하는 종 역시 종에 따라서 배란 상태가 눈에 띄지 않도록 감추어져 있거나, 약간 눈에 띄거나, 아니면 요란하게 겉으로 드러난다. 이러한 복잡성 때문에 우리는 어쩌면 배란이 겉으로 드러나지 않는 현상은 특정 짝짓기 시스템에 따라 각기 다른 기능을 하는 것이 아닌가 하는 생각을 하게 된다.

4단계

이러한 기능의 변화를 확인하게 된 실렌툴베리와 밀레르는 현존하는 영장류 종의 가계도를 연구해 보자는 번뜩이는 생각을 떠올리게 되었다. 그렇게 함으로써 영장류의 진화의 역사에서 어느 시점에 배란 신호 및 짝짓기 시스템의 진화상의 변화가 일어났는지 알아내고자 했던 것이다. 현존하는 영장류의 종 가운데 서로 밀접하게 연관되어 있는, 즉 공통의 조상으로부터 비교적 가까운 과거에 서로 갈라져 나온 종들이 짝짓기 시스템 또는 배란 신호의 강도에 있어서 차이를 보일 것이라는 생각이 근간에 자리 잡고 있었다. 그렇다면 그것은 비교적 가까운 과거에 짝짓기 시스템이나 배란 신호에 진화상의 변화가 있었음을 의미한다.

추론의 한 예는 다음과 같다. 우리는 인간과 침팬지와 고릴라가 유전적으로 98퍼센트 동일하며 같은 조상, 이른바 '잃어버린 고리(Missing Link)'에서 갈라져 나왔다는 사실을 알고 있다. 이 '잃어버린 고리'는 가깝게는 약 900만 년 전에 살았던 것으로 보인다. 그러나 같은 조상에게서 갈라져 나온 세 후손은 오늘날 세 가지 서로 다른 종류의 배란 신호를 사용하고 있다. 사람의 경우 배란 여부가 완전히 감추어졌고, 고릴라의 경우 약간 눈에 띄는 정도의 신호를 보내며, 침팬지의 경우 민망할 정도로 드러내고 광고를 한다. 따라서 세 후손 가운데 오직 한 종만 '잃어버린 고리'가 지니고 있었던 배란 신호 방식을 고수하고 있고 나머지 두 종의 후손은 제각기 다른 신호 방식을 진화시킨 것이라고 볼 수 있다.

사실상 대부분의 현존하는 원시 영장류(primitive primate)는 약간 눈에 띄는 정도의 배란 신호를 보낸다. 따라서 '잃어버린 고리' 역시 그와 같은 특징을 보유하고 있었을 것이라고 추측할 수 있다. 그 다음 고릴라가 이 특징을 그대로 물려받았을 것이라고 볼 수 있다그림 1. 한편 그 후 900만 년 동안 인간은 배란 사실을 감추도록 진화되고, 침팬지는 요란하게 드러내 광고하도록 진화되었을 것이다. 즉 인간의 신호와 침팬지의 신호는 공통의 조상이 보이던 약한 신호로부터 각기 정반대 방향으로 진화되어 온 셈이다. 인간의 눈에는 침팬지의 부풀어 오른 엉덩이는 비비의 엉덩이와 흡사해 보인다. 그러나 침팬지의 조상과 비비의 조상은 멀리서도 눈에 확 띄는 불타는 엉덩이라는 특징을 따로따로 독립적으로 진화시켰음이 분명하다. 왜냐하면 비비의 조상과 잃어버린 고리는 약 3000만 년 전에 서로 갈라져 나왔으니 말이다.

이와 비슷한 추론을 이용해서 우리는 영장류 가계도에서 배

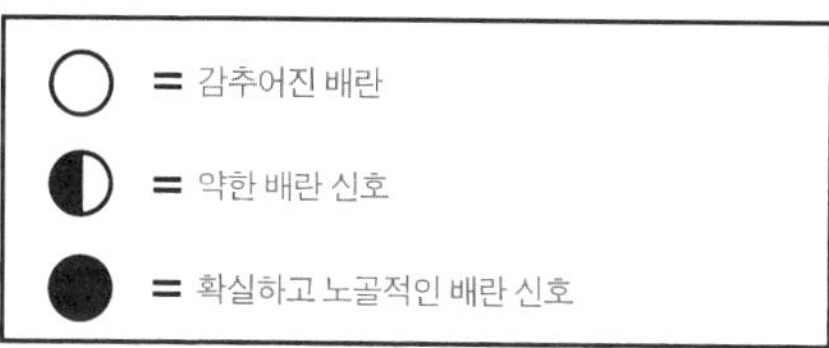

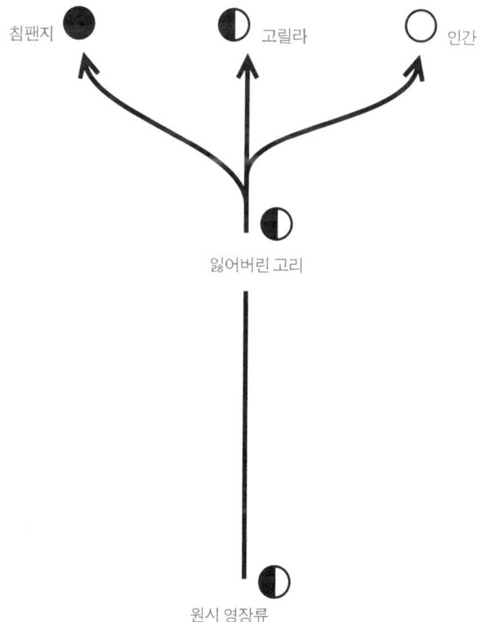

그림 1

배란 신호의 가계도

란 신호가 변화하게 된 또 다른 지점들을 찾아낼 수 있다. 신호 방식이 변화하도록 진화된 지점이 적어도 20개 이상 있는 것으로 나타났다. 배란을 눈에 잘 띄게 광고하는 특징의 경우 적어도 3개의 독립적인 시발점(침팬지의 경우 포함)이 있었고 배란이 감추어진 특징의 경우 적어도 8개의 독립적 기원(인간, 오랑우탄, 그밖에 적어도 6종의 서로 직접 관련되지 않은 원숭이의 집단)을 찾아볼 수 있었다. 그 다음 가계도를 훑어 내려오는 과정에서 약한 배란 신호가 몇 번에 걸쳐서 또 다시 나타나기도 했다. 숨겨진 배란에서 약한 배란 신호로 되돌아가거나(예를 들어 울음원숭이의 경우) 아니면 요란한 배란 광고로부터 약한 배란 신호로 되돌아간 (수많은 짧은꼬리원숭이의 경우) 것이다.

배란 신호를 살펴본 것과 같은 방식으로 영장류 가계도의 어떤 지점에서 짝짓기 시스템이 변화되었는지 살펴볼 수 있다. 모든 원숭이와 유인원의 공통 조상들이 애초에 지녔던 짝짓기 방식은 아마도 무차별적 난교였을 것이다. 그런데 인간 및 인간과 가장 가까운 종인 침팬지와 고릴라만 해도 세 가지 짝짓기 시스템을 모두 구현하고 있다. 고릴라는 하렘을 구성하고 있고, 침팬지는 난교를 하며, 인간은 일부일처제를 따르거나 혹은 일부다처제의 하렘을 제도화하고 있다_{그림 2}. 따라서 900만 년 전에 갈라져 나온 '잃어버린 고리'의 세 후손 가운데 적어도 두 후손은 짝짓기 시스템을 변화시켰다는 말이 된다. 다른 증거에 따르면 '잃어버린 고리'는 하렘을 이루고 살았다고 한다. 따라서 고릴라와 일부 인간 사회가 조상의 짝짓기 시스템을 간직해 왔다고 할 수 있다. 그동안 침팬지는 난교 방식을 재발견했고, 인간 사회는 일부일처제를 발명했다고 할 수 있다. 짝짓기 시스템에 있어서도, 배란 신호의 경우와 마찬가지로, 인간과 침팬지는 정반대 방향으로 진화되어 왔다. 전체적으로 볼 때, 고등 영장류에서 일부일처제는 각기 독립적으로 최소한 7번 새로이 나타났다. 그중 하나가 우리 인간의 예이고, 그 다음 긴팔원숭이, 또 그 외에 다섯 가지 서로 구별되는 원숭이 집단에서 이러한 진화가 이루어졌다.

하렘으로 진화된 사례는 8번 이상으로 보이고 여기에는 '잃어버린 고리'도 포함된다. 그리고 침팬지와 그밖에 적어도 둘 이상의 원숭이 종이 그들의 가까운 조상이 하렘 방식을 따르느라 포기해 버렸던 난교 방식을 재도입한 것으로 보인다.

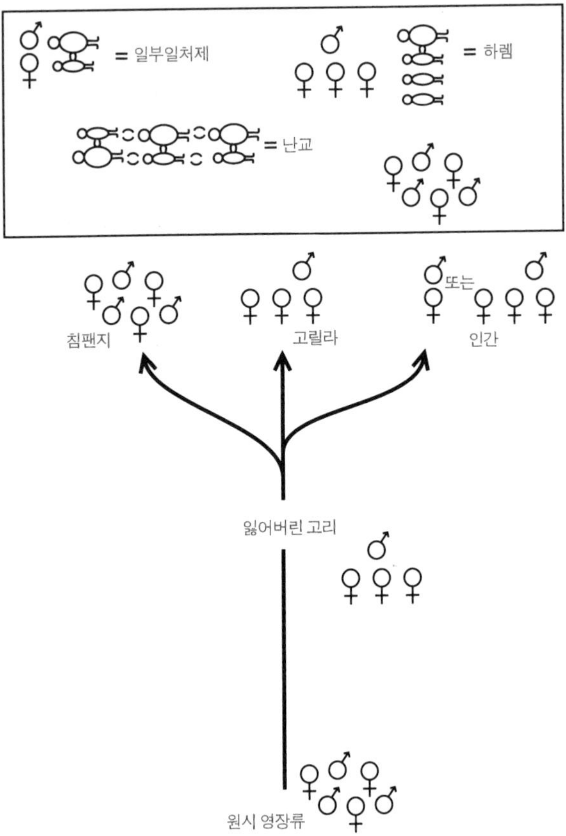

그림 2

짝짓기 시스템의 진화

그리하여 우리는 태곳적 영장류에게 나타났던 짝짓기 시스템과 배란 신호의 변화를 영장류의 가계도에 따라 재구성해 보았다. 이제 우리는 이 두 가지 정보를 한데 모아서 질문을 던질 차례이다. 배란 상태가 감추어지도록 진화가 일어났을 때 어떤 짝짓기 시스템이 우세했을까?

여기에 그 답이 있다. 원시 영장류 가운데 예전에는 배란 신호를 드러냈으나 후에 그 신호를 버리고 배란 상태를 숨기게 된 종에 대해 고려해 보자. 이러한 종 가운데 오직 한 종만 일부일처제를 관행으로 삼고 있었다. 반면 그러한 종 가운데 적게는 8종, 많게는 11종이 난교나 하렘 체제를 따르는 것으로 나타났다. 그 하나의 종은 바로 하렘을 구성하는 '잃어버린 고리'로부터 진화한 인간의 조상이다. 따라서 우리는 배란을 숨기는 방향으로 진화하도록 만든 짝짓기 시스템이 일부일처제가 아니라 난교 또는 하렘이라고 결론내릴 수 있다 그림 3. 이것은 '여러 아빠' 이론에서 예측되었던 결론이며 '아빠를 집에' 이론과는 맞지 않는다.

그런데 한편으로 우리는 이런 질문을 던져 볼 수 있다. 일부일처제로 진화되었을 때 어떤 배란 신호 방식이 우세했을까? 우리는 배란을 요란스럽게 광고해 대는 종의 경우에 일부일처제가 결코

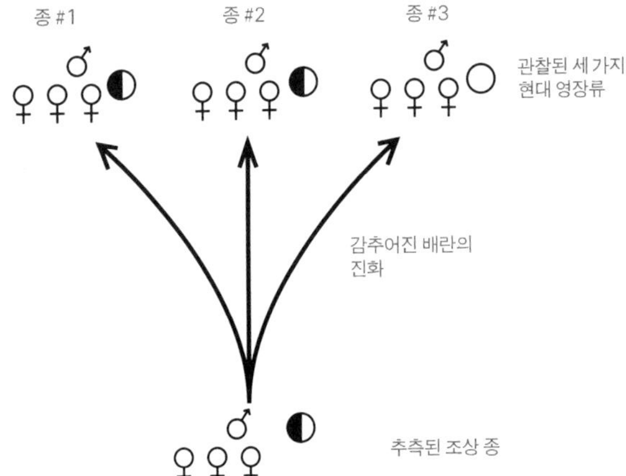

그림 3

현생 종에 대한 관찰을 통해 알아낸 사실과 그 종의 조상에 대해 추측한 사실을 결합함으로써 우리는 배란 신호가 진화상의 변화를 겪을 때 어떤 짝짓기 시스템이 우세했는지 알 수 있다. 종 #3이 약한 배란 신호를 나타내는 하렘을 구성하는 조상으로부터 배란 신호를 나타내지 않도록 진화된 반면 종 #1과 종 #2은 조상의 짝짓기 시스템(하렘)과 약한 배란 신호라는 특징을 그대로 보존하고 있는 것으로 보인다.

나타나지 않았다는 사실을 발견했다. 오히려 일부일처제는 이미 배란이 겉으로 드러나지 않도록, 혹은 약간의 신호만을 나타내도록 진화된 종에서만 나타났다_{그림 4}. 이러한 결론은 '아빠를 집에' 이론과 부합한다.

어떻게 해야 겉보기에 정반대되는 이 두 이론을 화해시킬 수 있을까? 실렌툴베리와 뮐레르가 3단계에서 거의 모든 일부일처제 영장류가 배란 여부를 감춘다는 사실을 발견한 것을 상기해 보자. 이제 우리는 그와 같은 결과가 두 단계를 거쳐서 이루어졌다는 사실을 알 수 있다. 난교나 하렘의 짝짓기 방식을 따르는 종에서 먼저 배란이 감추어졌고, 그 다음, 배란이 이미 드러나지 않게 된 상태에서 이 종은 일부일처제로 옮겨가게 된 것이다_{그림 4}.

아마 지금쯤 여러분은 우리의 성의 역사가 너무나 혼란스럽다고 느낄 것이다. 우리는 겉보기에 매우 간단한 질문에서 출발했다. 역시 간단한 대답이 기다리고 있을 것이라고 예상하면서. 왜 우리는 배란 사실을 드러내지 않고 한달 중 어느 때이고 즐거움을 위해 섹스를 하느냐가 바로 그 질문이었다. 그런데 여러분은 간단한 대답은커녕 상당히 복잡하고 두 단계로 이루어진 답을 마주하

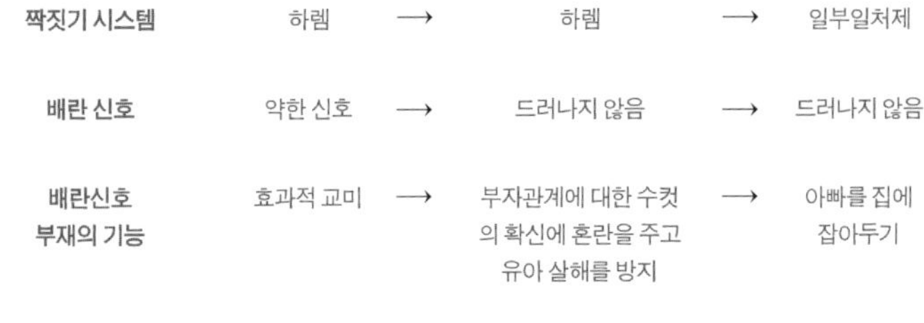

그림 4
감추어진 배란의 진화

게 되었다.

결국 간단히 말해서 영장류 진화의 역사 속에서 감추어진 배란의 기능은 반복해서 변화되었고 사실상 역전되었다(reversed)는 것이다. 배란이 감추어지게 된 것은 아직 우리의 조상들이 난교나 하렘과 같은 짝짓기 방식을 따를 무렵이었다. 당시 감추어진 배란은 우리의 조상이었던 여성(실은 원숭이의 암컷?)으로 하여금 다수의 남성들에게 성적 즐거움을 나누어 줄 수 있게 만들었고, 그 결과 어떤 남성도 그 여성이 낳은 아이가 자신의 아이라고 확신을 가지고 주장할 수 없지만 그 대신 많은 남성들이 어쩌면 그 아이가 자신의 피를 받은 아이일지도 모른다는 어렴풋한 추측을 하도록 만들었다. 그 결과 이 잠재적 유아 살해자인 성인 남자들 중 누구도 그 여자가 낳은 아기를 해치고 싶어 하지 않게 되었고, 일부는 실제로 아기를 보호해 주거나 아기에게 먹을 음식을 가져다주기도 했을 것이다. 일단 여자들이 그러한 목적을 위해 배란을 감추도록 진화되고 나서는 더 나은 조건의 남자를 유혹하고, 그를 자신 곁에 머물도록 붙잡아 두고, 그로 하여금 자신과 아기를 보호하고, 아기를 키우는 것을 돕도록──그 아기가 남자의 아기라는 사실에 확신을 갖도록 함으로써──만드는 데 그 특징을 이용하게 되었던 것이다.

따지고 보면 우리는 이처럼 배란이 감추어지게 된 현상의 기능이 변화한 것에 대해 놀랄 필요가 없다. 사실 그와 같은 기능의 변화는 진화생물학의 역사에서 매우 흔한 일이다. 왜냐하면 자연선택은 멀리 보이는 목표를 향해 곧장 나아가는 의식적인 과정이 아니기 때문이다. 즉 엔지니어가 의식적으로 새로운 상품을 설계하는 것과 같은 식으로 이루어지지 않기 때문이다. 그 대신 동물의 경우 어느 한 기능을 수행했던 특징이 다른 기능을 수행하게 되기도 한다. 그래서 그 특징은 수정되기도 하고 심지어 원래의 기능을 잃어버리게 될 수도 있다. 그 결과 진화의 긴 흐름 속에서 이전과 유사한 적응 방식이 재등장하기도 하고 어떤 기능이 사라지기도 하고, 변화하기도 하며, 심지어 원래와 정반대의 기능으로 뒤바뀌기도 한다.

이중에서 척추동물의 사지에 관한 예가 우리에게 가장 친숙하게 다가올 것이다. 고대의 어류가 헤엄치는 데 사용했던 지느러미가 고대의 파충류, 조류, 포유류의 다리로 진화해서 이들이 육지 위에서 움직이는 데 사용되었다. 그 후 고대의 포유류와 파충류조류(reptile-bird)의 앞다리가 날개로 진화되어 각각 박쥐와 오늘날의 새가 하늘을 날아다니는 데 사용되게 되었다. 그 다음 새의 날개와 포유류의 다리는 제각기 진화하여 각각 펭귄과 고래의 물갈퀴가 되었다. 이것은 물속을 헤엄치는 기능을 수행한다. 어류가 가진 지느러미의 기능을 효과적으로 재발견한 것이다. 어류의 후손 가운데 적어도 세 가지 집단이 제각기 사지를 잃어버리는 방향으로 진화하여 뱀, 다리가 없는 도마뱀, 발없는도롱뇽붙이(Gymnophiona 또는 cecilian)라는 다리 없는 양서류가 되었다. 생식과 관련된 생물학적 특징 —이를테면 배란 상태를 감추기, 배란을 요란하게 광고하기, 일부일처제, 하렘, 난교 등—역시 본질적으로 같은 방식으로, 즉 그 기능이 반복적으로 변화되고, 변형되며, 재발견되기도 하고 사라지기도 하면서 진화되어 온 것이다.

이러한 진화상의 변화가 남기는 함축적 의미는 우리의 사랑에 한층 풍미를 더할 수 있다. 예를 들어서 위대한 독일의 작가 토마스 만(Thomas Mann)이 남긴 마지막 소설, 「사기꾼 펠릭스 크룰의 고백(Confessions of Felix Krull, Confidence Man)」에서 펠릭스는 열차를 타고 여행할 때 같은 칸에 탄 고생물학자를 만났다. 그는 펠릭스에게 척추동물의 사지의 진화에 대한 흥미로운 이야기를 들려주었다. 교양 있고 상상력이 풍부한, 여자들의 취향에 잘 부합하는 남자, 펠릭스는 그 설명에 매료되었다. "사람의 팔과 다리가 그 오랜 옛날 땅 위에 살던 동물들의 뼈의 흔적을 간직하고 있다는 말씀이시군요! ……가슴이 떨릴 정도로 멋집니다. ……우리를 감싸 안는 여자들의 팔이 그리는 아름다운 곡선은…… 고대 새의 발톱 달린 날개나 물고기의 지느러미와 같은 것이라고요. ……이 이야기를 잘 간직하겠어요. 그리고 다음번에……여성의 아름다운 팔에 대해 꿈꿀 때……태곳적부터 존재해 온 뼈의 근원에 대해 떠올릴 것입니다!"

실렌툴베리와 묄레르가 배란이 감추어지게 된 이유를 밝혀낸 지금, 마치 펠릭스 크룰이 척추동물의 사지의 진화라는 사실에 함축된 의미를 가지고 환상의 실타래를 자아 나갔듯이, 여러분은 그 발견에 함축되어 있는 의미를 가지고 여러분 자신의 환상을 살찌울 수 있을 것이다. 다음번에 여러분이 여성의 생리 주기상 임신을 할 수 없는 시기에 단지 쾌락을 위해, 일부일처제적 관계의 지속을 보장하기 위해 섹스를 할 때, 당신이 누리는 축복이 얼마나 역설적인 것인지 상기해 보라. 여러 상대로 이루어진 하렘을 거느리거나 이 사람 저 사람 가리지 않고 상대를 바꾸어 가며 섹스를 했던 여러분의 먼 조상들은 역설적이게도 오직 배란이 이루어지는, 얼마 되지 않는 기간 동안만 섹스를 할 수 있었으며 이때도 임신을 해야 한다는 생물학적 요구를 형식적으로 이행할 뿐이었다. 즉각적 결과에 대한 간절한 필요성이 행위에 따르는 모든 즐거움을 빼앗겨 버린 채로.

작년에 나는 멀리 떨어진 도시에 있는 대학의 교수로부터 아주 멋진 편지를 받았다. 나를 그곳에서 개최되는 학회에 초청한다는 내용의 편지였다. 나는 편지를 쓴 사람을 직접 알지 못했고, 이름만 가지고 그가 여자인지 남자인지도 알 수 없었다. 그 학회에 참석하려면 긴 시간 동안 비행기를 타고 여행해야 하고 1주일 정도 가족과 떨어져야만 하는 상황이었다. 그러나 편지 문장이 너무나 아름다웠다. 만일 그 학회 역시 편지의 문구처럼 아름답게 구성되어 있다면 특별히 흥미로운 경험이 될 듯했다. 시간의 제약 때문에 약간 망설였지만 나는 결국 초청을 받아들였다.

학회장에 도착하자 나의 우려는 씻은 듯 사라져 버렸다. 학회는 매 순간 내가 기대했던 것 이상으로 흥미진진했다. 뿐만 아니라 나를 위해 매우 공들여 마련된 학회 외 일정이 기다리고 있었다. 쇼핑, 탐조(探鳥), 연회, 고고학적 유적지 방문 등이 그 일정에 포함되어 었다. 이 환상적인 일정을 구성하고 애초에 대가 수준의 편지를 쓴 주인공인 교수는 여자인 것으로 드러났다. 그녀는 학회에서 훌륭한 강연을 했고, 상냥하고 성격도 좋을 뿐만 아니라 내가 만나본 기가 막히게 아름다운 여성 중 하나였다.

그녀가 구성한 일정에 포함된 쇼핑 여행 중에 나는 아내에게 선물할 물건을 몇 개 샀다. 아마 나를 안내해 주었던 학생 중 한 사람이 그 이야기를 교수에게 들려주었던 모양이다. 다음날 학회 강연이 끝나고 마련된 연회에서 내 옆자리에 앉은 그녀가 그 일에 대해 언급했다. 그런데 놀랍게도 그녀는 "제 남편은 생전 저에게 선물이라는 걸 하는 일이 없어요."라고 말했다. 예전에 그녀는 남편에게 선물을 하고는 했는데 남편으로부터 선물을 한번도 받지 못하자 결국 그녀 역시 남편에게 선물하는 것을 그만두어 버렸다고 했다.

조금 후 테이블 맞은편에 앉아 있던 사람이 나에게 뉴기니의 조류에 대한 연구가 어떻게 진행되는지 물었다. 나는 그 섬에 사는 새들의 수컷은 제 새끼를 기르는 데 힘 하나 보태지 않고 오직 밖으로 나돌며 가능한 한 많은 암컷들을 유혹하는 데 모든 힘을 바친다고 설명했다. 그러자 또 한번 놀랍게도 주최자인 그 여자 교수가 흥분해서 큰소리로 "어쩜, 인간 남자들이랑 똑같군요!"라고 말했다. 그녀는 자신의 남편이 그나마 그녀가 공부를 하고 직업에서 보람을 찾는 것을 지지해 준다는 점에서 보통 남자들보다 훨씬 나은 편이지만 그렇다고 하더라도 퇴근 후 다른 남자들과 어울리느라 늦게 들어오고, 주말이면 텔레비전을 끼고 살고, 가사와 두 아이를 돌보는 일에 동참하기를 피해 다닌다고 설명했다. 그녀는 주구장창 도와달라고 부탁을 하다가 결국 포기하고 가정부를 고용했다고 한다. 물론 이 이야기에는 특별한 구석이 전혀 없다. 단지 이 일화가 내 머릿속에 떠오른 것은 그녀가 무척 아름답고, 성격도 좋고, 재능이 넘치는 여성이었기 때문일 것이다. 그토록 멋진 여성과 결혼하기로 한 남성이라면 그 후에도 줄곧 그녀와 시간을 보내려고 들지 않을까 하는 생각이 들지 않을 수 없었기 때문이다.

그러나 그녀는 다른 기혼 여성들에 비해 훨씬 나은 조건을 누리고 있었다. 내가 뉴기니의 고원 지대에서 연구를 시작했을 때 나는 종종 여성에 대한 노골적인 학대에 분노를 느끼고는 했다. 정글의 오솔길에서 마주치게 되는 결혼한 부부의 모습은 거의 한결 같았다. 여자는 구부러진 허리 위에 어마어마한 양의 땔나무나 채소를 짊어지거나, 혹은 아이를 업고 힘겹게 발걸음을 옮기고 있던 것에 반해서 남자는 등을 꼿꼿이 편 채 활과 화살 외에 아무것도 들거나 지지 않고 유유히 활보하고 있었다. 남자들의 사냥 여행은 아무리 보아도 남자들끼리 우애를 다지는 역할 이외에 별다른 기능이 없어 보였고 어쩌다 잡히는 짐승은 남자들끼리 숲에서 다 잡아먹고 돌아오는 게 보통이었다. 뿐만 아니라 남자들은 제 마음대로 아내를 사고, 팔고, 버렸다.

나중에 내가 아이를 갖게 된 다음 가족들을 이끌고 산책을 나선 다음에야 나는 가족과 함께 숲길을 걷던 뉴기니의 남자들의 상황을 조금이나마 이해하게 되었다. 나는 아이들 옆에서 아이들이 넘어지거나, 차에 치이거나, 길을 잃거나 그밖에 불상사가 일어나지 않도록 모든 주의를 기울이며 걷는 내 모습을 발견했다. 전통적인 뉴기니 부족의 남자들은 나보다 더 많은 주의를 기울여야 했을지도 모른다. 왜냐하면 그의 아내와 아이들 앞에는 더 큰 위험이 도사리고 있었을 테니까 말이다. 언뜻 보기에는 무거운 짐을 진 아내 곁에서 마냥 편하게 유유자적 걷는 듯 보이는 남자가 사실은 보초

병과 보호자의 기능을 수행하고 있었는지도 모른다. 손에 아무것도 들지 않는 이유는 적대적인 부족의 남자가 풀숲에 숨어 있다가 튀어나올지 모르는 상황에 대비해서 잽싸게 화살을 뽑아 활에 재기 위해서일지도 모른다. 그러나 남자들의 이기적인 사냥 여행, 부인을 사고파는 관행 등은 여전히 나의 마음을 괴롭혔다.

남자가 무슨 쓸모가 있냐는 질문은 어쩌면 우스꽝스러운 농담처럼 들릴지도 모른다. 그러나 사실 이것은 우리 사회의 가장 예민한 신경을 건드리는 질문이다. 여성들은 점점 남성들이 제멋대로 정해 놓은 지위와 역할에 대해 인내심의 한계를 드러내기 시작했고, 아내와 아이들보다 자기를 먼저 생각하는 남자들에게 비난의 목소리를 높이고 있다. 이 질문은 또한 인류학자들에게 있어서 커다란 이론적 문제점을 함축하고 있다. 대부분의 포유류의 수컷이 자신의 짝과 새끼에게 제공하는 봉사의 범위는 정자를 제공하는 것 이외에 거의 없다고 해도 과언이 아니다. 포유류의 수컷들은 교미가 끝난 후 암컷을 떠난다. 새끼를 먹이고, 보호하고, 가르치는 막중한 책임을 모두 암컷에게 떠넘기고 말이다. 그러나 인간의 남성은 (대개) 관계를 맺은 다음에 자신의 짝과 아이 곁에 머문다. 그에 따라 남자들에게 더해진 역할이 우리 종의 가장 두드러진 특징들을 진화시키는 데 지대한 기여를 했다는 데에 대부분의 인류학자들이 동의하고 있다. 그 추론은 다음과 같이 전개된다.

현존하는 모든 수렵·채집 사회에서 남성과 여성의 경제적 역할은 분화되어 있다. 1만 년 전 농업이 발달하기 전까지 사실상 거의 모든 인류 사회는 수렵·채집 사회였다. 남자들은 하나같이 커다란 동물을 사냥하는 데 더 많은 시간을 바쳤고 여자들은 식물 중 먹을 수 있는 부분을 따 모으고, 작은 동물들을 잡고, 아이를 기르는 데 대부분의 시간을 할애했다. 인류학자들의 전통적 견해에 따르면 이와 같은 보편적인 노동의 분화가 핵가족 간의 공동의 이익을 촉진하고 그 결과 협동이라는 건전한 전략이 탄생하게 되었다는 것이다. 남자들은 여자들에 비해서 커다란 동물을 쫓고 죽이는 데 더 탁월한 능력을 지녔다. 그 명백한 이유는 남자들은 어린 아이들을 달고 다닐 필요가 없다는 점, 그리고 평균적으로 여성에 비해 근육이 더 잘 발달되어 있다는 점이다. 남자들이 자신의 아내와 아이들에게 고기를 제공하기 위해 사냥을 했다는 것이 인류학자들의 견해이다.

이와 유사한 노동의 분화는 현대의 산업화된 사회에서도 찾아볼 수 있다. 오늘날에도 많은 여성들이 아이를 돌보는 데 남자보다 더 많은 시간을 할애한다. 남자들은 더 이상 사냥을 해서 고기를 가져오지는 않지만 그 대신 돈을 벌어 아내와 아이들을 먹인다.(물론 대다수의 여성들 역시 같은 일을 하고 있다.) 따라서 "집에 베이컨을 가져오기.(bringing home a bacon.)"라는 표현은 심원한 역사와 의미를 가지고 있다고 할 수 있다.

사냥을 해서 고기를 가져오는 것은 매우 독특한 인간 남성의 기능으로 늑대나 아프리카사냥개 같은 매우 적은 수의 동물들만이 이러한 특징을 공유하고 있다. 일반적으로 이것은 인간을 동물로부터 구분해 주는 다른 보편적인 특성들과 연관되어 있다고 생각되었다. 특히 이것은 남성과 여성이 관계를 가진 후 핵가족의 형태로 서로 연합하여 살아가고, 인간의 아이는 (어린 원숭이와 달리) 젖을 뗀 후에도 몇 년간 스스로 먹을 것을 구하지 못한다는 사실과도 연관되어 있다.

너무나 당연해서 그 진위가 의심되지 않았던 이 이론은 남성의 사냥에 대해 두 가지 직접적인 예측을 낳는다. 첫째, 사냥꾼이 자신의 가족에게 고기를 가져오는 것이 사냥의 주목적이라면, 사냥꾼은 가장 많은 고기를 꾸준하게 공급할 수 있는 수렵 전략을 추구해야 할 것이다. 따라서 우리는 작은 동물들을 뒤쫓는 것보다 커다란 동물을 목표로 하는 쪽이 평균적으로 더 많은 양의 고기를 얻을 수 있음을 확인할 수 있어야 할 것이다. 둘째, 우리는 또한 사냥꾼이 자신이 잡은 짐승을 자신의 아내와 아이들에게 가져오는 것을 (적어도 타인보다는 우선적으로 자신의 가족에게 배분하는 것을) 목격할 수 있어야 한다. 그렇다면 이 두 가지 예측은 과연 맞아떨어질까?

남성이 자신의 가족들에게 고기를 제공하기 위해 사냥을 한다는 이론은 인류학에서 너무나 기본적인 이론임에도 불구하고 놀랍게도 두 예측은 거의 검증을 거치지 않았던 것으로 드러났다. 그 예측을 검증하는 데 주도적인 역할을 한 과학자가 여성이었다는 사실은 놀랄 일이 아닐 것이다. 그녀는 바로 유타 대학교의 크리스틴 호크스(Kristen Hawkes)이다. 호크스는 킴 힐(Kim Hill), A. 막달레나 우르타도(A. Magdalena Hurtado), H. 캐플란(H. Kaplan) 등과의 협동 연구를 통해서 파라과이의 북부 아체 족(Aché)의 채집 양을 산출했다. 또한 호크스는 니콜라스 블러튼 존스(Nicholas Blurton Jones)와 제임스 오코넬(James O'Connell)과 더불어 탄자니아의 하드자 족(Hadza)을 대상으로 연구를 실시하기도 했다. 먼저 아체 족으로부터 얻은 증거를 살펴보도록 하자.

북부 아체 족은 예전에는 완전히 수렵·채집 활동을 통해 생계를 유지했고 1970년대 선교사들이 세운 농업 취락 단지에 거주하기 시작한 이후에도 대부분의 시간을 숲에서 먹을 것을 구하는 데 보낸다. 일반적인 인류의 패턴대로 아체 족의 남자들 역시 페커리나 사슴과 같은 커다란 포유동물을 사냥하는 것을 장기로 삼고 있으며 때때로 벌집에서 꿀을 채집하기도 한다. 한편 여자들은 야자를 찧어서 전분을 얻고, 나무 열매를 따고 애벌레를 잡으며 아이들을 돌본다. 아체 족 남자들의 사냥 실적은 날마다 크게 다르다. 페커리를 잡거나 벌집을 발견한 날 같으면 많은 사람들이 먹기에 충분한 음식을 들고 오지만 사냥 나간 날 중 4분의 1은 빈손으로 돌아온다. 반면 여자들의 생산물은 예측 가능하고 거의 날마다 일정하다. 왜냐하면 야자는 풍부하게 널려 있기 때문이다. 따라서 어떤 여자가 얼마나 많은 전분을 얻느냐는 단순히 야자를 빻는 데 얼마나 많은 시간을 투자하는지에 달려 있다. 여자들은 언제든 자신과 아이들이 먹기에 충분한 음식을 구할 수 있으리라는 사실을 신뢰할 수 있다. 그러나 어느 날 갑자기 다른 많은 사람들까지 먹일 정도로 많은 양의 음식을 확보하게 되는 일은 거의 없다.

호크스와 동료들의 연구의 첫 번째 놀라운 결과는 남성의 전략과 여성의 전략을 통해 얻어지는 보상의 차이였다. 당연한 이야기이겠지만 최고 생산량은 남자 쪽이 훨씬 높았다. 왜냐하면 운이 좋아 페커리를 잡게 되는 날이면 하루 생산량이 4만 킬로칼로리가 넘게 된다. 그런데 남자들의 1일 평균 생산량 9,634킬로칼로리는 여자들의 평균 생산량 1만 356킬로칼로리보다 더 적은 것으로 나타났다. 뿐만 아니라 1일 생산량의 중앙값 역시 남자의 경우 4,663킬로칼로리로 여자보다 훨씬 낮았다. 이 역설적인 결과의 원인은 페커리를 잡아서 돌아오는 영광의 나날보다 빈손으로 돌아오는 치욕의 나날이 훨씬 많기 때문이다.

따라서 아체 족의 남자들에게 있어서 커다란 짐승을 뒤쫓는 흥분을 추구하기보다는 영웅적인 것과는 거리가 먼, 야자를 찧는 '여자들의 일' 쪽으로 전환하는 것이 장기적으로 볼 때 이익을 가져다줄 것이다. 남자들은 힘도 더 세니까 하기만 한다면 여자들보다 하루에 더 많은 전분을 생산해 낼 수도 있을 것이다. 일단 달성하면 큰 보상을 가져다주지만 그 결과를 예측하기 매우 어려운 목표를 추구하는 아체 족의 남자들은 잭팟에 목숨을 거는 도박사에 비유할 수 있을 것이다. 장기적으로 볼 때 그 돈을 은행에 집어넣고 지루할 만큼 뻔히 내다보이는 이자를 받는 쪽이 도박사에게는 더 이익이 될 것이다.

또 다른 놀라운 결과는 성공적인 아체 족 사냥꾼은 그 고기를 자신의 아내와 아이에게 가져다주기보다는 주위 모든 사람들과 나누는 것으로 나타났다. 남자가 벌집을 발견해 꿀을 얻었을 때도 마찬가지였다. 이처럼 널리 퍼진 배분의 관습 덕분에 아체 족이 먹는 음식의 4분의 3은 그가 속한 핵가족의 구성원이 아닌 다른 누군가가 얻은 것으로 나타났다.

아체 족의 여성이 큰 짐승을 노리는 사냥꾼이 되지 않은 이유는 쉽게 이해할 수 있다. 여자들은 자신의 아이로부터 떨어져서 시간을 보낼 수 없으며, 단 하루라도 빈손으로 돌아오는 위험을 감수할 수 있는 상황이 아니다. 하루라도 먹을 것을 구하지 못한다면 임신이나 수유에 커다란 지장이 생기게 될 것이다. 그렇다면 왜 남자들은 야자에서 전분을 만들어 내는 일을 피하고 평균적으로 더 적은 보상을 가져다주는 사냥을 고집하는 것일까? 왜 그들은 인류학자들의 전통적인 견해처럼 모처럼 잡은 짐승을 자신의 아내와 아이들에게 모두 가져다주지 않는 것일까?

이 역설적 상황은 아체 족의 남자들이 큰 짐승을 사냥하는 것을 선호하는 행동의 배후에는 단순히 아내와 아이들에게 가장 큰 이익이 되도록 하는 고려 이외의 무언가가 있음을 암시한다. 크리스틴 호크스로부터 이러한 이야기를 들었을 때, 남자들이 사냥을 고집하는 현상의 진짜 이유는 '베이컨을 집에 가져오기'라는 고귀한 임무보다 훨씬 덜 고상한 것으로 판명될지도 모른다는 불길한 예감이 들었다. 나 역시 한 사람의 남자로서 남자라는 집단을 방어하고 싶어졌고 남성이 채택한 전략의 고귀함에 대한 나의 신념을 재건할 수 있는 설명을 찾기 시작했다.

　내가 제기한 첫 번째 반론은 크리스틴 호크스가 사냥의 보상을 칼로리로 계산했다는 사실을 겨냥했다. 실제로 영양학에 대한 상식이 조금이라도 있는 독자들이라면 영양소가 같은 열량을 낸다고 모두 같은 가치를 갖는 게 아니라는 사실을 잘 알 것이다. 그렇다면 남자들이 커다란 동물을 사냥하는 것은 우리의 단백질 요구량을 충족하기 위한 것이 아니었을까? 과연 고기에 함유된 단백질은 흔해빠진 야자의 전분보다 영양학적으로 더 가치가 있다. 그러나 아체 족의 남자들은 단백질이 풍부한 고기뿐만 아니라 야자 전분과 영양학적으로 동등한 꿀이라는 탄수화물 역시 목표로 삼는다. 그런데 칼라하리(Kalahari)의 산(San) 족의 남자들(부시먼)은 커다란 짐승을 뒤쫓는 반면 산 족의 여자들은 몽공고(mongongo)

나무 열매를 따서 모으고 조리하는데 이것은 매우 훌륭한 단백질의 공급원이 된다. 그리고 뉴기니 저지대의 수렵·채집 사회에서는 남자들이 성공 빈도가 매우 낮은 캥거루 사냥을 한답시고 허송세월을 보내는 동안 그들의 아내와 아이들은 생선, 쥐, 굼벵이, 거미 등으로부터 단백질을 섭취한다. 그렇다면 왜 산 족이나 뉴기니의 남자들은 아내가 하는 일을 따라하지 않을까?

그 다음 나는 아체 족의 남자들이 유난히 사냥을 못하는 것이 아닐까, 즉 현존하는 수렵·채집 사회의 남자들 가운데 예외에 속하는 집단은 아닐까 생각해 보았다. 이누이트 족(Inuit, 에스키모)을 포함한 북극의 원주민 사회에서 남자들의 사냥 솜씨는 필수불가결한 것이다. 사냥으로 잡은 커다란 짐승 이외에 달리 먹을 것이 없는 겨울철이면 특히 그러하다. 탄자니아의 하드자 족의 남성은 아체 족 남성들과 달리 작은 짐승을 사냥하는 것보다 큰 짐승을 사냥하는 쪽이 평균적으로 더 높은 보상을 가져다주는 것으로 나타났다. 그러나 뉴기니 남자들은 아체 족 남자들과 마찬가지로 사냥으로 얻는 보상이 매우 적음에도 계속해서 사냥을 고집한다. 그리고 하드자 족 남자들은 커다란 위험을 무릅쓰고 사냥을 계속 하는 것으로 드러났다. 왜냐하면 평균적으로 사냥에 나서는 29일 가운데 28일은 빈손으로 돌아오기 때문이다. 하드자 족의 아내와 아이들은 남편, 그리고 아버지가 어느 날 기린을 1마리 잡아오는 것을 기다리다가는 굶어죽기 십상이다. 그런데 이 모든 경우에 있어서 아체 족 또는 하드자 족의 사냥꾼이 가뭄에 콩 나듯이 잡아오는 짐승마저도 온전히 그 사냥꾼의 가족에게 돌아가지 못한다. 따라서 사냥꾼의 가족의 관점에서 볼 때 커다란 짐승만 쫓아다니며 사냥하는 것이 다른 전략에 비해 보상이 적다, 크다를 논하는 것은 그 자체가 탁상공론일 수도 있다. 한마디로 큰 짐승을 사냥하는 것은 가족을 먹여 살리는 데 있어서 가장 좋은 방법은 아닌 것이다.

여전히 내가 속한 남성 집단을 방어하기 위해서 나는 다음과 같은 의문에 대해 숙고해 보았다. 사냥꾼들이 고기를 널리 나누는 것은 호혜적 이타주의를 통해서 불규칙적인 고기와 꿀의 획득량을 안정화시키기 위한 것이 아닐까? 한 사냥꾼이 기린을 1마리 잡는 것은 29일에 한 번 정도로 기대할 수 있는 사건이며 다른 사냥꾼 역시 비슷한 확률을 기대할 수 있다고 하자. 그렇다면 사냥꾼들이 제각기 다른 방향으로 사냥에 나서고 각각의 사냥꾼이 각기 다른 날에 기린을 잡는다고 하자. 성공적인 사냥꾼들이 서로 고기를 나누어 갖는 데 동의한다면 그들은 종종 배불리 먹을 수 있게 될 것이다. 이러한 해석이 옳다면, 사냥꾼들은 자기가 잡은 기린을 누구보다 뛰어난 사냥꾼에게 우선적으로 나누어 주려고 할 것이다. 그래야 자신이 기린을 잡지 못한 날 그 사냥꾼으로부터 고기를 받을 가능성이 높아질 테니까.

그러나 실상은 사냥에 성공한 아체 족과 하드자 족의 사냥꾼들이 자신이 잡은 짐승의 고기를 주위의 누구에게나 나누어 주는 것으로 드러났다. 상대가 뛰어난 사냥꾼이든 형편없는 사냥꾼이든 가리지 않고 말이다.

그렇다면 아체 족이나 하드자 족의 한 남자가 굳이 사냥을 할 이유가 있을까 하는 의문이 떠오른다. 짐승 한 마리 잡지 못해도 누군가가 고기를 나누어 준다면, 아니면 반대로 커다란 짐승을 잡는다고 해도 이 사람 저 사람에게 조각조각 나누어 주어야 한다면, 뭐하러 기를 쓰고 사냥에 나선단 말인가? 남자들의 사냥에는 분명 고귀한 동기를 찾고자 하는 나의 노력에서 간과되어 온 뭔가 덜 고귀한 동기가 있음이 분명하다.

나는 또 다른 고귀한 동기를 생각해 보았다. 고기를 널리 나누는 행위는 사냥꾼이 속한 전체 부족을 돕는 길이다. 한 사람의 사냥꾼은 그가 속한 부족과 운명을 함께한다. 부족이 흥하면 그도 흥하고 부족이 망하면 그도 망한다. 만일 부족 내의 다른 사람들이 모두 굶어죽을 지경이라 적의 침입을 막아 내지 못하게 된다면 사냥꾼과 그 가족만 잘 먹고 잘 사는 것은 아무 소용없을 것이다. 그러나 이러한 동기를 고려하는 것은 우리를 다시 원점으로 되돌려 놓을 뿐이다. 아체 족 전체가 잘 먹고 잘 살기 위한 가장 좋은 방법은 모든 사람들이 소박하게 언제나 믿을 수 있는 야자 전분을 갈고, 열매를 따 모으고, 애벌레를 잡는 것이다. 남자들은 어쩌다 한 번 잡히는 커다란 짐승을 뒤쫓는 도박에 시간을 낭비해서는 안 될 것이다.

남자들의 사냥에서 뭔가 가족을 위하고자 하는 동기를 찾아보고자 하는 마지막 노력으로서 나는 사냥과 남자들이 가족을 보호하는 역할을 연관시켜 보았다. 명금, 사자, 침팬지 등 자신의 영토를 가지고 생활하는 종의 수컷 가운데 상당수는 자신의 영토를 순찰하는 데 많은 시간을 보낸다. 이러한 순찰은 여러 가지 목적을 가지고 있다. 자신의 영토에 침입하는 경쟁자 수컷을 발견하고 몰아내는 일, 자신의 영토 경계 너머에 있는 이웃 영토가 치고 들어가기에 적당한 상태는 아닌지 염탐하는 일, 자신의 짝과 새끼들에게 위협이 될 수 있는 맹수의 존재를 탐지하는 일, 계절의 변화를 확인하여 먹을 것이나 그밖에 다른 자원이 많은 시기를 알아내는 일 등이 그 목적에 포함된다. 이와 마찬가지로 인간 사냥꾼들 역시 짐승을 뒤쫓으면서 한편으로 잠재적 위험에 대한 경계를 하고, 부족의 모든 구성원들에게 도움이 될 만한 기회를 찾아다니는 것은 아닐까? 뿐만 아니라 사냥은 남자들이 적으로부터 부족을 지키는 데 꼭 필요한 전투 기술을 익히는 데도 커다란 도움을 준다.

　사냥의 이러한 역할은 물론 중요하다. 그러나 우리는 사냥꾼들이 탐지하고자 하는 그 위험의 정체가 과연 무엇이며 그 위험을 탐지하는 것이 누구의 이익을 증진시키는 것인지 물을 필요가 있다. 이 세계의 어느 곳에서는 사자나 다른 커다란 맹수들이 실제로 커다란 위협이 되기도 하지만, 대다수의 전통적인 수렵·채집 사회에서 가장 큰 위협이 되는 존재는 다름 아닌 이웃 경쟁 부족의 사냥꾼들이다. 이러한 사회에서 남자들은 끊임없이 전쟁을 벌인다. 그 전쟁의 목표는 상대 부족의 남자를 죽이는 것이다. 승자는 전쟁에서 진 부족의 여자들과 아이들을 잡아가서 죽이거나 각각 아내와 노예로 삼는다. 순찰에 나선 남자 사냥꾼들의 집단은 가장 나쁘게 보아서 경쟁 부족 남자들의 희생을 대가로 자신의 유전적 이익을 증진시키는 것이라고 할 수 있다. 가장 좋게 보아서 그들은 자신의 아내와 아이들을 보호하는 것이다. 주로 다른 남자들에 의해 야기된 위험으로부터 말이다. 좋게 본다고 하더라도 성인 남자들의 순찰 활동이 사회의 다른 구성원들에게 가져다주는 좋은 면과 나쁜 면은 거의 비슷하다고 할 수 있다.

따라서 아체 족의 사냥꾼들을 아내와 아이들을 위해 공헌하는 고귀한 남자들의 모습으로 그려 보고자 하는 나의 다섯 번에 걸친 노력이 모두 수포로 돌아갔다. 그때 크리스틴 호크스는 아체 족 남자가 사냥으로부터 자신의 배를 불릴 음식 말고 어떤 자신만의 이익을 (그의 아내와 아이들의 이익에 반하는) 얻는지 이야기해 주었다.

일단 다른 곳의 사람들의 경우와 마찬가지로 아체 족의 경우에도 혼외 정사는 드문 일이 아니었다. 열두어 명의 아체 족의 여자들에게 그들의 아이 66명의 잠재적 아버지(아이를 잉태할 무렵 관계를 맺었던 남자)의 이름을 대 보라고 했더니, 한 아이당 아버지일 가능성이 있는 남성의 수는 평균적으로 2.1명이 나왔다. 28명의 아체 족 남성의 표본 가운데 뛰어난 사냥꾼은 그렇지 못한 사냥꾼에 비해서 훨씬 더 자주 여자들의 연인으로 꼽혔다. 뿐만 아니라 그들은 더 많은 아이들의 잠재적 아버지이기도 했다.

간통의 생물학적 중요성을 이해하기 위해서 먼저 2장에서 논의되었던 대로 생식과 관련된 생물학적 조건은 남성과 여성의 이익에 근본적인 불균형을 가져온다는 점을 상기해야 한다. 여러 명의 섹스 파트너를 두는 것은 여성의 생식적 결과물에 아무런 직접적 공헌도 하지 못한다. 일단 한 남자의 아이를 가지면 여성은 다른 남자와 섹스를 해도 최소한 9달 동안은 아이를 갖지 못한다. 그리고 전통적 수렵·채집 사회에서는 수유에 의한 무월경 상태로 인하여 적어도 수년 동안 다시 임신을 하지 못했을 것이다. 그런데 남자의 경우 보통 때에는 충실한 남편이었다 하더라도 단 몇 분의 간통을 통해 자신의 자손을 2배로 불릴 수 있다.

자, 이제 크리스틴 호크스가 각각 "부양형(provider)"과 "과시형(show-off)"이라고 이름을 붙인 두 가지 상이한 수렵 전략을 추구하는 남성들의 생식적 결과를 비교해 보자. 부양형 남자는 안정적인 빈도로 어느 정도 높은 보상을 가져다주는 음식—이를테면 야자 전분이나 쥐—을 구하고자 노력한다. 한편 과시형 남자는 커다란 짐승의 꽁무니를 쫓아 다닌다. 대부분의 경우 빈손으로 돌어오지만 가뭄에 콩 나기로 돌아오는 횡재를 노린다. 평균적으로 볼 때 과시형의 결과물이 더 적다. 부양형은 평균적으로 볼 때 자신의 부인과 아이들을 먹이기에는 충분한 음식을 구해 오지만 그밖에 다른 사람들에게 나누어 줄 정도는 되지 못한다. 과시형은 평균적으로는 부인과 아이들에게 더 적은 음식을 가져오지만 이따금씩 다른 이웃들에게 나누어 줄 정도로 많은 양의 고기를 가져온다.

성숙할 때까지 키워 내는 아이의 수로 여성의 유전적 이익을 가늠한다고 하자. 아이들을 무사히 길러 내는 일은 결국 얼마나 많은 음식을 제공할 수 있느냐에 달려 있고, 그렇다면 여자 입장에서는 부양형 남자와 결혼하는 것이 가장 좋은 방법일 것이다. 그러나 한편으로 과시형 남자를 이웃에 둔다면 그것은 더욱더 좋은 일이 될 것이다. 왜냐하면 혼외 정사를 대가로 과시형 남자로부터 자신과 아이들이 먹을 고기를 얻을 수 있을 테니 말이다. 전체 부족 역시 이따금씩 모두가 고기를 실컷 먹을 기회를 제공하는 과시형 남자를 좋아한다.

그렇다면 이번에는 남자가 어떻게 자신의 유전적 이익을 극대화할 수 있을지에 대해 생각해 보자. 이때 과시형 남자는 이익과 불이익을 모두 맛볼 수 있다. 그 이익이란 혼외 정사를 통해서 이웃의 아내에게 자신의 씨를 뿌릴 수 있다는 점이다. 과시형 남자는 간통 이외에도 부족의 신망을 얻는 것과 같은 추가적인 이익도 누린다. 부족 사람들은 그가 이따금씩 가져오는 고기를 얻기 위해 그를 이웃에 두고 싶어 하고 어떤 사람은 자신의 딸을 그의 배우자로 주고 싶어 할 수도 있다. 같은 이유로 부족 사람들은 과시형 남자의 아이들에게도 좋은 대접을 해 줄 가능성이 높다. 한편 과시형 남자들이 경험하는 불이익에는 다음과 같은 것들이 있다. 일단 그는 평균적으로 남보다 적은 음식을 자신의 아내와 아이들에게 가져다준다. 이것은 그의 적자(嫡子, legitimate children)들이 성숙할 때까지 살아남을 확률이 낮아짐을 의미한다. 뿐만 아니라 그가 이웃의 여자들과 놀아날 때 그의 아내 역시 다른 남자와 혼외 정사를 벌일 수도 있다. 그 결과 아내가 낳은 아이들 중 진정한 그의 아이가 차지하는 비율은 더 적어질 것이다. 그렇다면 과연 과시형 남자는 비록 수는 적되 친자 관계에 대한 확신이 큰 부양형 남자의 전략을 포기하고 그 대신 자신이 많은 아이들의 진짜 아버지일지도 모른다는 막연한 가능성을 얻음으로써 더 나은 유전적 이익을 얻게 될까?

그 답은 몇 가지 숫자에 달려 있다. 부양형 남자의 아내가 길러 낼 수 있는 적자의 수, 부양형 남자의 아내가 낳은 아이들 중 합법적 아버지 이외의 다른 남자의 아이가 차지하는 비율, 과시형 남자의 아이가 누리는 부족에서의 특별한 지위가 그들의 생존 기회를 증가시키는 정도 등이 그 숫자들이다. 그 숫자는 각 부족이 처한 생태적 환경에 따라 달라질 수 있다. 호크스가 아체 족에 적용되는 광범위한 조건을 통해 추산한 수에 따르면 과시형 남자가 부양형 남자에 비해 자신의 유전자를 물려받은 채로 생존하는 자손을 더 많이 남길 수 있는 것으로 드러났다. 따라서 아체 족 남자들이 커다란 사냥감을 뒤쫓는 진짜 이유는 집에 베이컨을 들고 오기 위한 것이라는 전통적 해석보다는 바로 이러한 유전적 이익 때문이라고 볼 수 있다. 아체 족의 남자들은 결국 자기 가족의 이익보다는 자신의 이익을 위해 사냥을 하는 셈이다.

따라서 수렵에 종사하는 남성과 채집을 담당한 여성이 핵가족을 이루어 노동을 분담함으로써 가장 효율적으로 공동의 이익을 실현하며, 집단 전체에 가장 이익이 되는 방향으로 노동력이 할당된다는 주장은 사실이 아니다. 사실은 수렵·채집 사회의 생활 양식은 개체 사이의 이익이 상충하는 고전적인 사례를 극명하게 보여 준다. 내가 2장에서 논의한 바와 같이 남성의 유전적 이익에 최선이 되는 것이 반드시 여성의 유전적 이익에 최선이 되지 않으며 그 역도 마찬가지이다. 짝을 이룬 남녀 또는 암수는 서로의 이익이 꼭 맞아떨어지는 부분이 있는가 하면 완전히 다른 방향으로 갈라지는 부분도 있다. 여성으로서는 부양형 남자와 결혼하는 것이 가장 이익이 되지만 남성의 입장에서는 부양형이 되는 것이 자신을 위한 최선의 길이 아니다.

최근 수십 년간 이루어진 생물학의 연구 결과를 통해 동물과 인간에게 있어서 수많은 종류의 그와 같은 이익의 상충이 존재한다는 것이 밝혀졌다. 꼭 남편과 아내(혹은 짝짓기를 마친 한 쌍의 동물) 사이뿐만 아니라 부모와 자식, 임산부와 태아, 형제자매 사이에도 그처럼 이익의 상충 사례를 찾아볼 수 있다. 부모와 자식, 형제자매는 서로 유전자를 공유하고 있는 사이이다. 그러나 형제자매는 잠재적으로 서로에게 가장 가까운 경쟁자이고, 부모와 자식마저도 잠재적인 경쟁자이다. 수많은 동물 연구 결과, 새끼를 기르는 것은 부모의 기대 수명을 단축시키는 것으로 나타났다. 새끼를 길러 내기 위해 엄청난 에너지를 소모하게 되고 많은 위험에 노출되기 때문이다. 부모 입장에서 자식 하나를 놓고 볼 때 그 자식은 자신의 유전자를 물려줄 하나의 기회이다. 그러나 부모로서는 또 다른 기회를 가질 수도 있다. 부모 입장에서는 한 자식을 버리고 자신의 자원을 다른 자식에게 집중하는 쪽이 오히려 더 자신에게 이익이 될 수도 있다. 그러나 자식 입장에서는 부모의 희생을 딛고서라도 살아남는 쪽이 이익이 된다. 인간의 사회와 마찬가지로 동물의 세계에서도 그와 같은 갈등이 유아 살해, 부모 살해, 형제 살해의 결과로 이어지는 경우가 드물지 않다. 생물학자들은 유전학과, 식량을 구하는 행동과 관련된 생태학(foraging ecology)에 기반을 둔 이론적 계산을 통해서 이러한 갈등을 설명해 내지만 우리 모두는 아무런 계산 없이도 경험을 통해 그러한 현상을 인식하고 있다. 혈연이나 결혼으로 가깝게 맺어진 사람들 간의 이익의 상충은 우리의 인생에서 가장 흔하고, 가장 고통스러운 비극이 아닐 수 없다.

이러한 결론은 얼마나 일반적으로 적용될 수 있을까? 호크스와 동료들은 단지 두 가지의 수렵 · 채집 사회, 아체 족과 하드자 족을 연구했을 뿐이다. 그것에 따른 결론은 다른 수렵 · 채집 사회에 대한 연구를 바탕으로 한 검증을 거치게 될 것이다. 그 답은 부족에 따라서, 심지어 개인에 따라서도 차이를 보일 것이다. 뉴기니의 부족에 대한 나의 경험에 따르면 호크스의 결론은 이곳 사람들에게는 한층 더 강하게 적용된다. 뉴기니에는 커다란 짐승이 별로 없다. 사냥에서 잡은 짐승은 대부분 그 자리에서 사냥꾼들이 먹어치우고 어쩌다 집으로 가져오는 고기는 여럿이 조각조각 나누어 먹는다. 뉴기니 남자들의 사냥은 경제적 측면에서는 뭐라고 변명할 길이 없다. 그러나 분명 성공적인 사냥꾼은 지위 측면에서 보상을 얻는다.

그렇다면 호크스의 결론은 오늘날 우리 사회와는 어떤 관련이 있을까? 아마도 여러분 가운데 이미 얼굴색이 변한 분이 있을지도 모른다. 왜냐하면 내가 이 질문을 제기한 이상 여러분은 미국 남자들 역시 별로 쓸모가 없다는 결론을 내릴 것이라고 기대할지 모르니까. 그러나 물론 그것은 나의 결론이 아니다. 나는 오늘날 대다수의 (미국) 남자들이 충실한 남편이고, 돈을 더 벌기 위해 안간힘을 쓰고, 그렇게 번 돈을 아내와 아이들에게 쓰며, 자녀 양육에도 많은 노력을 기울이고, 딴 짓을 하지 않는다는 사실을 알고 있다.

그러나 안타깝게도 아체 족으로부터 발견한 사실은 우리 사회에서도 적어도 일부 남자들에게는 적용될 수 있다. 실제로 우리 사회에도 아내와 자식들을 내팽개치는 남자들이 있다. 이혼남 가운데 법적으로 규정된 자녀 양육비를 내지 않는 남자들의 비율은 창피스러울 정도로 높다. 그 비율이 너무 높아서 정부가 나서서 뭔가 조치를 취하지 않을 수 없는 지경이다. 미국에서는 부모 중 한

쪽이 아이를 키우는 가정의 비율이 양쪽 부모가 함께 아이를 키우는 비율을 넘어서고 있다. 그리고 그 한쪽 부모는 대개 엄마이다.

결혼한 남자들 가운데에서도 아내와 자식들보다 자신을 더 위하는 남자들이 있다는 사실을 우리는 알고 있다. 과도할 정도의 시간과 돈과 에너지를 다른 여자의 뒤꽁무니를 쫓아다니거나 남성의 지위 상징물 내지는 남성들만의 활동에 갖다 바치는 남자들 말이다. 자동차, 스포츠, 음주 등이 그와 같은 남자들을 사로잡는 대표적인 대상이라고 할 수 있다. 이들은 잡은 고기를 집에 별로 가져가지 않는 남자들이다. 내가 미국 남자들 가운데 부양형 대 과시형의 비율이 어느 정도 되는지 정확히 측정해 본 것은 아니다. 그러나 과시형의 비율이 무시하지 못할 정도인 것은 분명해 보인다.

심지어 가정에 헌신적인 맞벌이 부부의 경우에도 부인 쪽이 자신이 맡은 일(직업과 자녀 양육과 가사)을 해 내는 데 남편보다 2배나 많은 시간을 자신이 맡은 책임을 할애하고 있으며 그러면서도 같은 일을 하는 남자들보다 더 적은 보수를 받는 것으로 나타났다. 그리고 미국의 남편들에게 그 자신과 부인이 자녀 양육 및 가사에 바치는 시간을 각각 어림해 보라고 했을 때 남자들은 대부분 자신이 바치는 시간은 실제보다 부풀려 어림하고, 부인이 바치는 시간은 실제보다 과소평가하는 것으로 나타났다. 그리고 나는 다른 산업화된 나라들, 이를테면 내가 개인적으로 좀 아는 나라들인 오스트레일리아. 한국, 일본, 독일, 프랑스, 폴란드와 같은 곳에서는 자녀 양육과 가사에 대한 남자들의 기여도가 그나마 더 적다는 인상을 받았다. 그렇기 때문에 남자들이 대체 어디에 쓸모가 있을까 하는 질문이 인류학자들뿐만 아니라 우리 사회 내에서도 자주 회자되는 것이 아닐까?

6
폐경의 진화론

대부분의 야생 동물들은 죽을 때까지, 혹은 죽기 얼마 전까지 생식 능력을 잃지 않는다. 인간의 남성 역시 마찬가지이다. 남자들 가운데 일부는 다양한 이유 때문에 인생의 다양한 시점에 생식력이 사라지거나 감소하기도 하지만 특정 연령에 이르러 일제히 불임이 되지는 않는다. 94세의 할아버지를 포함해서 나이가 많이 든 남자가 자식을 보았다는 확실하게 입증된 사례는 셀 수 없이 많다.

그러나 여성의 경우 대략 40세 전후에 시작해서 약 10년 안에 생식력이 완전하게 사라져 버린다. 일부 여성은 54세나 55세가 될 때까지 월경을 하기도 하지만 50이 넘어서 임신을 하는 경우는 최근 호르몬 요법이나 인공 수정 같은 의학 기술이 등장하기 전까지는 매우 드문 일이었다. 예를 들어서 매우 엄격한 종교적 공동체인 미국의 후터 파(Hutterite)의 구성원들은 아이들을 많이 낳고 피임을 반대하는 것으로 유명하다. 이 공동체의 여자들은 생물학적으로 가능한 시점부터 아기를 낳기 시작해서 약 2년의 터울을 두고 계속해서 아이를 낳는다. 그리하여 이 여인들이 낳는 최종적인 자녀의 수는 평균 11명에 이른다. 그런데 이 후터 파 여성들조차도 49세가 되면 더 이상 아이를 낳지 않는다.

보통 사람들의 눈으로 볼 때 폐경은 비록 많은 경우에 전조(前兆)에 의해 예견되는 고통스러운 현상이지만 어찌되었든 피할 수 없는 일생의 한 국면이다. 그러나 진화생물학자의 눈으로 볼 때 인간 여성의 폐경은 동물 세계의 정도를 크게 벗어난 일이며 풀기 힘든 수수께끼이다. 자연선택의 본질은 어떤 개체의 자손을 증가시키는 데 도움을 주는 개체의 특성에 대한 유전자의 생존을 촉진하는 것이다. 그런데 어떻게 해서 자연선택이 한 종의 암컷으로 하여금 더 많은 자손을 남기는 능력을 억누르는 유전자를 갖도록 작용할 수 있었을까? 모든 생물학적 특성에 대해서는 유전적 변이가 있을 수 있다. 인간 여성의 폐경이 이루어지는 연령을 규정하는 유전자도 마찬가지이다. 어떤 이유에서든 일단 여성의 폐경이 어느 정도 자리 잡게 되었다면 왜 폐경이 시작되는 연령이 점차로 뒤로 미루어져서 다시 사라져 버리게 되지 않았을까? 좀 더 늦게 폐경을 맞는 여성이 더 많은 자손을 남길 수 있었을 텐데 말이다.

그렇기 때문에 진화생물학자들은 여성의 폐경을 인간의 성적 특성 가운데 가장 기묘한 현상으로 여기고 있다. 나는 또한 폐경이 무엇보다도 중요한 성적 특성이라는 점에 동의한다. 우리의 커다란 뇌와 직립 자세(인간 진화에 대한 거의 모든 문헌에서 강조되고 있는 부분), 그리고 배란이 겉으로 드러나지 않는 점과 즐거움을 위한 섹스를 추구하는 경향(진화 관련 문헌이 주의를 덜 기울이는 부분)과 더불어 나는 인간 여성의 폐경이 인간을 다른 동물과 구별하는 데—단순히 한 종류의 원숭이 이상의 존재, 원숭이와 질적으로 다른 생물로 만들어 주는 데—있어 필수적인 생물학적 특성이라고 믿는다.

내가 조금 전 언급한 내용에 대해 많은 생물학자들이 떠들썩하게 반론을 제기할 것이다. 그들은 인간 여성의 폐경은 풀기 어려운 수수께끼가 전혀 아니며 더 이상 논의할 필요가 없다고 말할 것이다. 그들의 반론은 대게 세 가지 범주로 나뉜다.

첫째, 일부 생물학자들은 여성의 폐경이 최근 이루어진 인간의 수명 연장이 빚어 낸 인공적 현상이라고 주장한다. 인간의 수명 연장은 지난 세기에 탄생한 공중 보건 수단뿐만 아니라 1만 년 전에 이루어진 농업의 발달, 그리고 아마도 무엇보다도 지금으로부터 4만 년 전부터 이루어진, 인간의 생존 기술을 발달시킨 진화상의 변화에 기인한 것으로 보인다. 이 관점에 따르면 수백만 년에 걸친 인류의 역사에 비추어 볼 때 폐경은 매우 드물게 일어난 사건이다. 왜냐하면 인류 역사의 대다수 기간 동안 남자든 여자든 40세 넘게 생존한 예는 매우 드물었기 때문이다. 그렇기 때문에 당연히 여성의 생식관(reproductive tract)은 40세가 넘으면 닫히도록 프로그램되었다. 그런데 인류의 진화의 역사에서 수명 연장이 너무나 최근에 급격히 일어난 일이라 여성의 생식관이 적응할 시간이 없었다는 것이 이 이론의 골자이다.

그러나 이러한 관점은 인간 남성의 생식관, 그리고 남성이든 여성이든 대부분의 사람들에게 있어서 다른 모든 생물학적 기능이 40세가 넘은 후에도 수십 년 동안 계속해서 기능한다는 사실을 무시하고 있다. 따라서 다른 모든 생물학적 기능은 새롭게 연장된 수명에 재빨리 적응할 수 있었는데 하필이면 여성의 생식 기능만 그렇지 못했는가 하는 질문이 제기될 수 있다. 예전에는 폐경기 이후까지 생존한 여성이 거의 없었다는 주장은 고대인의 골격을 통해서 사망 시의 연령을 추정하는 고인구학(paleodemography)에 기반을 두고 있다. 그런데 그와 같은 추정은 발굴된 골격들이 해당 시대의 인구 전체를 대표하는 표본이라거나 혹은 성인인 고대인의 골격이 정확한 연령을 반영한다는 가정 위에 전개된다. 그러나 그것은 설득력이 떨어지고 제대로 입증되지 않은 가정일 뿐이다. 발굴된 유적에서 10세의 소년의 뼈와 20세의 성인의 뼈를 구분해 내는 고인구학의 능력에 대해서는 의심의 여지가 없다. 그러나 40세와 50세를 구분해 낼 수 있다는 주장은 한 번도 제대로 입증된 일이 없다. 그들의 골격을 현대인의 골격과 비교하는 것은 별 의미가 없다. 고대인들은 생활 방식, 섭취한 식품, 질병 등에 있어서 오늘날의 우리와 현저히 다른 조건에 처해 있었으며 그에 따라 고대인의 뼈는 현대인의 뼈와 다른 속도로 노화되었을 테니 말이다.

두 번째 반론은 인간 여성의 폐경이 오래된 현상이라는 점은 인정한다. 그러나 폐경이 인간에게만 독특하게 나타나는 현상이라는 점에 반대한다. 대부분의, 혹은 많은 야생동물들이 나이가 듦에 따라 생식 능력이 감소된다. 다양한 종류의 포유류와 조류 종의 늙은 개체들이 불임 상태인 것이 확인되었다. 그리고 최고급 식사, 특별 의료 서비스, 천적으로부터의 완벽한 보호 덕분에 야생 상태의 기대 수명보다 훨씬 연장된 수명을 누리는, 실험실이나 동물원의 우리에서 기르는 붉은원숭이와 특정 품종의 실험용 생쥐의 나이 든 암컷의 경우 불임 상태가 되기도 한다. 따라서 일부 생물학자들은 인간 여성의 폐경은 단지 동물의 폐경이라는 광범위한 현상의 일부라고 주장한다. 이 현상의 이유가 무엇이든 간에 많은 종에 걸쳐서 존재하는 현상이라면 인간이라는 종의 폐경에는 특별할 것도 굳이 설명해야 할 것도 없지 않은가?

그러나 제비 한 마리가 나타났다고 해서 봄이 왔다고 할 수는 없다. 그리고 암컷 한두 마리의 생식력이 떨어졌다고 해서 그것을 폐경이라고 부를 수는 없다. 다시 말해서 야생 세계에서 어쩌다 불임 상태의 늙은 암컷 동물을 발견한다고 해서, 혹은 인공적으로 수명이 연장된 우리 안의 동물들에게서 종종 불임 상태를 목격한다고 해서 그것을 야생 상태에서 생물학적 중요성을 띄는 폐경이라는 현상으로 볼 수는 없다. 자연적 상태로 폐경이 일어난다고 말하기 위해서는 야생 동물 군집에서 상당 비율의 성숙한 암컷이 불임인 상태로 발견되고 이 암컷들이 생식력이 사라진 후에도 오랫동안(전체 수명 중 상당한 시간 동안) 살아 있어야 할 것이다.

인간이라는 종은 확실히 이러한 정의에 맞아떨어진다. 그런데 야생 동물 가운데 이 정의에 부합하는 종은 오직 하나 또는 둘뿐이다. 하나는 오스트레일리아 산 주머니쥐이다. 이 동물의 경우 암컷이 아니라 수컷이 폐경 비슷한 현상을 나타낸다. 즉 한 개체군에 속하는 모든 수컷들이 8월 중 매우 짧은 시기에 걸쳐서 일제히 생식력을 잃어버리고 그 후 두어 주가 지나서 죽어 버린다. 그 결과 개체군에는 오직 임신한 암컷들만 남게 된다. 그러나 이 경우 폐경 이후의 삶이 수컷들의 전체 수명에서 차지하는 비율은 무시해도 될 만큼 짧다. 주머니쥐의 경우는 진짜 폐경의 한 예라기보다는 연어나 용설란에서 볼 수 있는 빅뱅 생식(big-bang reproduction), 또는 일생일회 생식—일생 중 단 한 번 생식 활동을 하고 그 후 급격하게 불임이 되고 죽음을 맞는 패턴—의 한 예라고 보아야 할 것이다. 동물 폐경의 더 나은 예는 둥근머리돌고래(pilot whale, *Globicephala melaena*)이다. 고래잡이에게 잡힌 이 성숙한 암컷 둥근머리돌고래 가운데 4분의 1은 난소의 상태로 판단컨대 폐경이 지난 것으로 보인다. 이 고래의 암컷은 30세 혹은 40세에 폐경에 들어간다. 그리고 폐경이 지난 후 평균 14년 정도를 더 산다. 그리고 60세가 넘게 사는 경우도 간혹 있다.

따라서 폐경이라는 생물학적 중요성을 갖는 현상은 오직 한 종의 고래와 인간만이 공유하는 독특한 특성이라고 할 수 있다. 범고래(killer whale, *Orcinus orca*)나 그밖에 다른 소수 종에 대해서도 폐경의 증거를 찾아볼 필요가 있고 어쩌면 그들 중 일부는 실제로 폐경을 겪는 것으로 드러날지도 모른다. 그러나 침팬지, 고릴라, 비비, 코끼리 등 야생 상태에서 장수하는 수많은 포유류 종에서 여전히 생식력을 가진 늙은 암컷이 자주 발견되는 것으로 보아 이들 종이나 그밖에 대부분의 종에서 폐경이 정상적인 현상으로 나타날 가능성은 적다. 예를 들어서 코끼리의 경우 55세이면 상당히 늙은 것으로 여겨지는데—95퍼센트의 코끼리들이 55세 이전에 죽는다.—55세 된 암컷 코끼리는 젊은 암컷 코끼리 생식력의 절반 정도를 유지하고 있는 것으로 나타났다.

따라서 여성의 폐경은 동물 세계에서 충분히 독특한 것으로 볼 수 있으며 우리는 그 원인을 찾아볼 필요가 있다. 분명 우리가 폐경이라는 현상을 둥근머리돌고래로부터 물려받았을 리는 없다. 둥근머리돌고래의 조상과 우리의 조상은 5000만 년 전에 서로 갈라져 나왔으니 말이다. 실제로 폐경이라는 현상은 우리 조상이 700만 년 전 침팬지나 고릴라의 조상과 갈라진 이후에 나타난 것이 틀림없다. 왜냐하면 우리는 폐경을 겪지만 고릴라나 침팬지는 폐경을 겪지 않으니 말이다. (적어도 정상적이고, 규칙적인 현상으로서는 말이다.)

인간 여성의 폐경이 독특하고도 중요한 현상이라는 주장에 대한 세 번째이자 마지막 반론을 제기하는 사람들은 인간의 폐경이 오랜 옛날부터 존재해 왔으며 다른 동물들에게는 드물게 일어나는 현상이라는 점을 인정하기는 하지만 더 이상 이 현상에 대한 설명을 찾으려고 애쓸 필요가 없다고 말한다. 수수께끼의 답은 이미 다 나왔다는 것이다. 그들이 말하는 답은 폐경의 생리적 메커니즘에 있다. 여성 난자의 공급량은 태어날 때 이미 정해져 있으며 나중에 더 보태질 수가 없다. 생리 주기 중에 1개 또는 2개의 난자가 계속해서 빠져 나가고 그보다 훨씬 많은 수의 난자들이 죽어서 없어진다. 폐쇄(atresia)라는 현상이다. 그래서 여성의 나이가 50세 정도에 이르면 애초에 보유하고 있던 난자들이 모두 고갈된다는 것이다. 설사 난자가 얼마간 남아 있다고 하더라도 반세기나 된 것으로 점점 더 뇌하수체 호르몬에 대한 반응성이 떨어질뿐더러 그 수도 너무 적어 뇌하수체 호르몬의 분비를 촉진하는 에스트라디올(estradiol, 에스트로겐의 일종)을 생산하지 못한다는 것이다.

　　그러나 이 반론에 대해 치명적인 일격을 가할 재반론이 있다. 이 반론은 틀린 것은 아니지만 불완전하다. 난자의 고갈 및 노화가 인간 여성 폐경의 직접적 원인인 것은 사실이다. 그런데 자연선택은 왜 하필 여성의 난자가 40대에 고갈되거나 혹은 호르몬에 반응하지 않도록 만들었을까? 애초에 몸에 지니고 태어나는 난자의 수가 2배가 되도록 진화되거나 난자가 반세기가 지나도 여전히 호르몬에 반응하도록 진화되어서는 안 될 정당한 이유라도 있다는 말인가? 코끼리나 수염고래, 그리고 어쩌면 신천옹의 난자도 최소한 60년 이상 남아 있다. 뿐만 아니라 거북의 난자는 그보다 훨씬 더 오랜 기간 동안 그 기능을 유지한다. 그렇다면 인간의 난자 역시도 같은 능력을 갖도록 진화될 수 있었을 것이다.

　　세 번째 반론이 불완전한 기본적 이유는 이 반론을 제기한 사람들이 근접인과 궁극인을 혼동했기 때문이다.(근접인은 어떤 현상을 일으킨 직접적 원인을 말하고 궁극인은 그 직접적 원인이 발생하도록 만든 길고 긴 사실들의 고리의 맨 끝에 있는 궁극적 원인을 말한다. 예를 들어서 아내의 외도로 이혼하게 된 가정에서 가정 파탄의 근접인은 남편이 아내의 부정을 발견하게 된 사실이지만 파탄의 궁극인은 아내가 바람을 피우도록 만든 만성적인 남편의 무관심과 부부의 성격 차이일 수도 있다.) 생리학자들이나 분자생물학자들은 종

종이 둘의 차이를 간과하는 함정에 빠지고는 한다. 그러나 실제로 근접인과 궁극인의 차이는 생물학, 역사, 인간 행동에 있어서 근본적 중요성을 갖는다. 생리학이나 분자생물학을 가지고서는 오직 근접인만을 찾을 수 있다. 궁극인을 설명할 수 있는 것은 진화 생물학이다. 간단한 예를 들자면 소위 화살독개구리(poison-dart frog)가 독성을 지닌 현상에 대한 근접인은 이 동물이 바트라코톡신(batrachotoxin)이라고 하는 치명적 화학 물질을 분비하기 때문이다. 그러나 개구리의 독성에 대한 그와 같은 분자생물학적 원인 설명은 그다지 중요하지 않은 지엽적 문제로 생각될 수 있다. 왜냐하면 다른 수많은 독성 화학 물질 역시 같은 기능을 할 수 있을 테니까. 화살독개구리가 독성 화학 물질을 갖도록 진화된 까닭은 이 동물이 매우 작고 다른 방어 수단이 없어서 독으로 자신의 몸을 보호하지 않으면 포식자에게 쉽게 잡아먹혀 버리기 때문이라는 것이 궁극인에 대한 설명이다.

우리는 이미 여러 번에 걸쳐서 인간의 성적 습성에 대한 중요한 질문들은 모두 생리학적 근접인이 아니라 궁극인에 대한 설명을 요구하는 진화론적 문제라는 사실을 목격해 왔다. 섹스가 우리에게 즐거움의 수단인 것은 여성의 배란이 겉으로 드러나지 않고 언제든 섹스에 응할 수 있기 때문이다. 그렇지만 대체 왜 하필 인간은 이러한 생식적 특징을 진화시켰을까? 남자들이 생리학적으로는 젖을 분비할 수 있는 것이 사실이다. 그런데 왜 남자들은 그 능력을 이용하도록 진화되지 않았을까? 폐경도 마찬가지이다. 퍼즐의 쉬운 부분은 여성의 난자가 50세 전후에 고갈되거나 손상되기 때문이라는 답을 가지고 맞힐 수 있다. 그렇지만 정작 중요하고 어려운 문제는 왜 겉보기에는 자신에게 불이익을 가져다줄 듯한 생식의 생리적 특징이 왜, 어떻게 진화되었느냐 하는 것이다.

여성 생식관의 노화 내지는 노쇠를 다른 노화 과정과 따로 떼어서 생각할 경우 별 소득을 얻을 수 없다. 우리의 눈, 신장, 심장, 그밖에 다른 모든 기관과 조직 역시 노화된다. 그런데 이와 같은 기관의 노화는 생리학적으로 불가피한 것은 아니다. 아니, 적어도 인간이라는 종의 경우와 같은 속도로 노화되어야만 하는 것은 아니다. 거북, 대합, 그리고 그밖에 다른 몇몇 종의 기관은 우리 인간의 경우보다 훨씬 오랫동안 좋은 상태를 유지한다.

생리학자들이나 노화 연구자들은 노화를 설명하는 하나의 포괄적인 원리를 찾고 있다. 최근 수십 년 동안 면역계, 자유 라디칼,

호르몬, 세포 분열 등에 초점을 맞춘 이론들이 인기를 얻어 왔다. 그러나 실상 나이가 듦에 따라 비단 면역계나 자유 라디칼에 대한 방어 체계뿐만 아니라 우리 몸의 모든 부분이 점차적으로 퇴락의 길에 접어든다는 사실을 40을 넘은 사람들은 모두 알고 있다. 나는 사실 지구상의 거의 60억에 이르는 사람들 중 비교적 스트레스가 적은 삶과 훌륭한 의료 혜택을 누리는 편에 속한다. 그럼에도 59세의 내 나이는 이미 내 몸에 마땅히 올 것이 오고 있다는 신호를 보내고 있다. 고음의 소리를 잘 듣지 못하고, 가까운 곳에 있는 사물을 잘 보지 못하고, 냄새와 맛도 이전만큼 잘 느끼지 못하고, 한쪽 신장이 손상되었으며, 이도 닳고 손상되고, 손가락의 유연성도 떨어지고 있다. 상처를 입으면 예전처럼 빨리 회복되지 않는다. 장딴지 근육의 부상이 거듭되어 달리기도 그만둘 수밖에 없었다. 다쳤던 왼쪽 팔꿈치가 얼마 전 가까스로 회복되었는가 싶었는데 손가락의 힘줄을 다치고 말았다. 나보다 나이가 더 든 사람들의 경험으로 미루어 볼 때, 심장병, 혈관 질환, 방광이나 관절의 문제, 전립선 비대, 기억력 쇠퇴, 대장암 같은 끊임없는 탄식과 불평 원인들이 나의 앞길에서 기다리고 있을 것이다. 이 모든 손상이 바로 우리가 노화라고 부르는 것이다.

우리의 몸을 사람이 만든 구조물에 비유해 봄으로써 이러한 암울한 비탄의 뒤에 놓여 있는 기본적인 원인을 쉽게 이해할 수 있다. 동물의 몸 역시 기계와 마찬가지로 점차적으로 낡는다. 오래될수록, 사용하면 할수록 실제로 손상을 받는다. 기계의 경우 이러한 경향과 맞서 싸우기 위해서 우리는 의식적으로 기계를 유지·보수하는 노력을 기울여야 한다. 자연선택은 우리의 몸 역시 무의식적으로 유지·보수를 하도록 만들었다.

우리의 몸이나 기계 모두 두 가지의 유지·보수 방법이 있다. 첫째, 기계의 부품에 갑작스레 손상이 일어났을 경우 우리는 손상된 부품을 수리한다. 구멍 난 타이어나 찌그러진 범퍼를 고친다거나, 브레이크나 타이어가 수리만으로 복구되지 못할 정도로 손상되었을 경우에는 새것으로 교체한다. 우리의 몸의 경우에도 급성 손상에 대해서 이와 유사한 보수 작업이 진행된다. 가장 눈에 잘 띄는 예는 피부가 베이는 등 상처를 입었을 때의 보수 작용이겠지만 손상된 DNA를 복구하는 것을 비롯해서 수많은 보수 작업이 우리 몸속에서 눈에 보이지 않게 진행된다. 손상된 타이어를 새것으로 갈 듯, 우리 몸은 손상된 기관을 재생시킬 수 있는 능력을 어느 정도 가지고 있다. 이를테면 새로운 신장, 간, 소장 조직을 새로 만들어 내는 것이다. 이러한 재생 능력이 우리보다 훨씬 더 잘 발달된 동물들도 많이 있다. 우리가 불가사리, 게, 해삼, 도마뱀처럼 손상된 팔다리, 내장, 꼬리를 재생해 낼 수 있다면 얼마나 좋을까?

기계나 우리 몸의 또 다른 종류의 유지 · 보수는 급성 손상이 있든 없든 점차적으로 닳고 낡는 과정에 맞서는 작업이다. 예를 들어서 우리는 예정된 정비 계획에 따라 자동차의 오일, 점화 플러그, 팬 벨트, 볼 베어링을 교체한다. 이와 마찬가지로 우리의 몸에서도 끊임없이 체모가 자라나고, 며칠에 한 번씩 소장 내벽 세포가 교체되고, 몇 달에 한 번씩 적혈구가 교체되고, 일생에 한 번 치아가 교체된다. 우리 몸을 구성하는 단백질도 눈에 보이지 않게 교체된다.

여러분이 차를 얼마나 잘 정비하는지, 유지 · 보수 작업에 얼마나 많은 돈과 자원을 투자하는지는 차의 수명에 커다란 영향을 미친다. 우리 몸에 대해서도 같은 원리가 적용될 수 있다. 이 원리는 운동을 열심히 하고, 의사를 자주 찾는 등 의식적 유지 · 보수 노력뿐만 아니라 우리 몸 스스로 수행하는 무의식적인 유지 · 보수에도 적용된다. 새로운 피부나 신장 조직, 또는 새로운 단백질을 합성하기 위해서 우리 몸은 상당한 정도의 생합성 에너지를 사용한다. 동물이 자신의 몸을 유지·보수하는 데 투자하는 정도와 그에 따른 노화의 속도는 종에 따라서 크게 다르다. 거북 중 일부는 한 세기가 넘게 산다. 실험용 생쥐는 풍부한 먹이가 주어지고 포식자의 위협이 없는 우리 안에서 거북은 말할 것도 없고 웬만한 사람보다 나은 의료 처치를 받으면서 살지만 어김없이 세 번째 생일을 넘기지 못하고 늙어 죽는다. 인간이나 우리의 가장 가까운 친족인 유인원도 종에 따라 노화의 속도가 다르다. 풍부한 영양을 공급받고 수의사의 보살핌을 받으며 안전한 우리 안에서 사는 유인원이 60세를 넘기기 어려운 반면, 사람은 그보다 훨씬 많은 위험에 노출되어 있고, 의학적으로 보살핌을 덜 받는 데도 백인 남성의 평균 수명은 78세, 여성은 83세에 이른다. 왜 우리의 몸은 유인원의 몸보다 스스로를 보살피는 데 더 많은 주의를 기울이는 것일까? 왜 거북은 생쥐에 비해서 엄청나게 느린 속도로 노화를 겪는 것일까?

만일 우리가 몸의 모든 부분을 자주 보수하고 교체해 준다면 우리는 노화를 완전히 피하고 (사고까지 막을 수 있다면) 영원히 살 수 있으리라. 게처럼 새로운 사지를 만들어 내서 관절염을 피하고, 주기적으로 새로운 심장을 길러 내서 심장 발작을 막고, 한 번이 아니라 다섯 번쯤 이를 갈아서 (실제로 코끼리는 다섯 번 이를 간다.) 충치를 최소화할 수 있을 것이다. 이처럼 어떤 동물은 신체의 유지·보수 작업의 특정 측면에 대규모 투자를 한다. 그러나 모든 측면에 똑같이 대규모 투자를 하고 그것을 통해 노화를 완전히 피할 수 있는 동물은 없다.

그 이유 역시 자동차 비유로 쉽게 설명할 수 있다. 우리 대부분은 가진 돈이 한정되어 있기 때문에 그 돈에 맞추어 예산을 짠다. 우리는 우리의 차가 굴러가도록 차를 보수할 때 경제적으로 수지 타산이 맞는 한에서 돈을 투자한다. 만일 자동차 정비에 드는 비용이 너무 높아진다면 차라리 폐차시키고 새로운 차를 사는 쪽이 차라리 싸게 먹힐 것이다. 우리의 유전자 역시 이와 유사한 선택의 기로에 놓이게 된다. 유전자를 담고 있는 오래된 운반체(container)를 수리할 것인가, 아니면 유전자가 옮겨 탈 새로운 운반체(그것이 바로 아기다!)를 만들까 하는 선택 말이다. 자동차든 생물이든 간에 유지·보수에 더 많은 자원이 사용되면 사용될수록 새 차를 사거나 새 개체를 만들어 내는 데 써야 할 자원이 줄어들 수밖에 없다. 이를테면 생쥐와 같이 스스로의 몸을 수리하는 데 적은 비용을 들이고 수명이 짧은 동물은 유지·보수하는 데 많은 비용이 들고 수명이 긴 우리 인간과 같은 동물에 비해서 훨씬 빠른 속도로 자손을 대량 생산해 낸다. 생쥐의 암컷은 2살까지 살면서 —사람 같으면 생식력을 갖기까지 까마득하게 긴 세월이 앞에 놓여 있다.—고작 생후 수개월부터 시작해서 두 달에 한 번씩 5마리의 새끼를 낳는다.

다시 말해서 자연선택은 복구와 생식에 대한 상대적 투자 규모를 수정함으로서 유전자를 후세에 물려주는 것을 극대화한다. 복구와 생식 사이의 균형은 종에 따라 달라진다. 어떤 종은 자신의 몸을 복구하는 데 인색하고 빠른 속도로 많은 수의 새끼를 생산하고 일찍 죽는다. 한편 우리 자신과 같은 종은 거의 1세기에 이르는 기간을 살면서 그동안 (성별에 따라) 열두어 명의 아이를 낳거나 (후터 족 여성의 경우) 혹은 수천 명이 넘는 아이를 낳을 수 있다.(물레이 이스마일 황제(Emperor Moulay Ismail the Blood-thirsty)를 보라!) 설사 물레이의 경우라고 할지라도 인간의 연간 자손 생산량은 생쥐에 비해 훨씬 낮다. 그 대신 우리는 더 많은 햇수에 걸쳐서 자손을 생산할 수 있다.(『기네스북』에 따르면 모로코의 황제 물레이 이스마일(1672~1727년)은 아들 525명과 딸 342명을 합쳐 867명의 자식을 낳아 세계에서 가장 많은 자식을 가진 남자로 기록되었다. —옮긴이)

생물학적으로 자신의 신체를 복구하는 데 얼마나 투자하는지 —그 결과 최상의 조건에서 얼마나 오래 사는지—에 대한 중요한 진화론적 결정 요인은 바로 사고나 열악한 환경 속에서 개체가 죽을 위험이라는 사실이 드러났다. 만일 여러분이 테헤란에서 택시를 모는 운전사라면 차를 유지·보수하는 데 많은 돈을 낭비하려고 들지 않을 것이다. 그 도시의 교통 사정이 아무리 주의 깊은 택시 운전사라고 할지라도 두어 주에 한 번씩 추돌 사고를 일으키지 않을 수 없는 상황이기 때문이다. 따라서 차를 말끔히 수리하는 데 돈을 쓰느니 그 돈을 모아 새 차를 사는 편이 더 경제적이다. 이와 마찬가지로 사고로 죽을 확률이 높은 생활 방식을 영위하는 동물의 경우 제 몸을 복구하는 데 인색하고, 빠른 속도로 노화가 되어서, 설사 충분한 영양을 공급받고 안전하게 보호되는 우리와 같은 환경이 제공되더라도 일찍 죽도록 진화에 의해 프로그램되어 있다. 몸의 크기가 비슷한 생쥐와 새를 우리에서 기르며 비교해 볼 때 생쥐는 새보다 더 수명이 짧다. 그 이유는 야생 상태에서 수많은 포식자의 먹이감이 되는 생쥐의 경우 날아서 도망갈 수 있는 새에 비해 자신의 몸의 복구에 덜 투자하고, 그 결과 더 빨리 늙기 때문이다. 야생 상태에서 단단한 껍데기로 보호되는 거북의 경우 다른 파충류보다 더 늦은 속도로 노화되고, 마찬가지로 뾰족한 가시로 제 몸을 보호하는 호저(豪猪, porcupine)의 경우 몸 크기가 비슷한 다른 포유류에 비해 노화 속도가 더디다.

인간, 그리고 가까운 친족인 유인원의 세계에도 그와 같은 일반화를 적용할 수 있다. 땅 위에 살면서 창과 불로 제 몸을 보호했던 원시 시대의 인간은 나무에 사는 유인원에 비해서 포식자에게 잡아먹히거나 나무에서 떨어져 죽을 위험이 줄어들었다. 그 결과 진화상의 프로그램을 통해 오늘날 우리는 우리 못지않게 안전하고, 건강하고, 풍요로운 환경에서 살아가는 동물원의 유인원보다도 수십 년을 더 살게 되었다. 지난 700만 년 동안 우리는 다른 유인원들보다 더 나은 복구 메커니즘을 개발하고 노화 속도를 늦추어 왔던 것이 틀림없다. 왜냐하면 700만 년 전에 우리는 다른 유인원 친족들로부터 갈라져 나와, 나무에서 땅 위로 내려오고, 창과 불로 무장하기 시작했기 때문이다.

이와 유사한 추론을 통해 우리는 나이가 듦에 따라 온 몸의 구석구석이 한꺼번에 문제를 일으키는 현상에 대해서도 설명할 수 있다. 슬프게도 진화론적 설계는 매우 비용 효율적으로 이루어진다. 만일 여러분의 몸 어느 한 부분을 아주 훌륭하게 복구해서 몸의 다른 부분보다 더 오래 유지되도록 만든다면, 즉 기대 수명보다 더 오래 가도록 만든다면, 그것은 생합성 에너지를 낭비하는 꼴이 될 것이다. 그 에너지는 아기를 만드는 데 쓰이는 편이 더 효과적일지 모른다. 가장 효율적으로 구성된 몸은 모든 기관들이 거의 동일한 속도로 노쇠되어 거의 같은 시기에 못 쓰게 되는 몸이다.

인간이 만든 기계에도 동일한 원리가 적용된다. 그 생생한 예로서 비용 효율적 자동차 생산의 천재였던 헨리 포드(Henry Ford)의 일화가 있다. 어느 날 포드는 직원들을 고물 수집장에 보내서 폐차시킨 모델 T의 남아 있는 부품의 상태를 검사해 보라고 시켰다. 직원들은 거의 모든 부품들이 노후된 징후를 보인다는 실망스러운 사실을 보고했다. 그런데 오직 킹핀(kingpin, 자동차 조향 장치의 부품으로 바퀴와 차축을 연결하는 주요 부품 중 하나. ─옮긴이)만이 예외였다. 이 부품은 거의 닳지 않고 그대로 남아 있었다. 그런데 놀랍게도 포드는 잘 만들어진 킹핀에 자부심을 나타내는 대신, 킹핀을 만드는 데 쓸데없이 과도한 공을 들였으며, 앞으로는 그 부품을 생산하는 비용을 더 줄이라고 말했다. 포드의 결론은 우리가 생각하는 장인 정신에 어긋나는 것처럼 보인다. 그러나 경제적 관점에서는 합리적인 태도이다. 어떤 부품을 그 부품이 장착된 차의 수명보다 더 오래가도록 만드는 것은 실제로 돈 낭비일 뿐이다.

자연선택을 통해 진화된 우리의 몸 역시 헨리 포드의 킹핀 원리에 들어맞게 설계되어 있지만 하나의 예외가 있다. 우리 몸의 거의 모든 부분들은 거의 동시에 노쇠된다. 킹핀 원리는 심지어 남성의 생식기에도 적용된다. 남성의 생식기는 갑작스럽게 기능이 정지되는 것이 아니라 개인에 따라 서로 다른 정도로 전립선 비대증이나 정자 수 감소를 비롯한 여러 가지 문제점이 점차적으로 누적되는 양상을 보인다. 킹핀 원리는 동물의 몸에도 적용된다. 야생에서 포획되는 동물들 가운데에는 노화와 관련된 손상의 징후를 보이는 경우가 드물다. 신체가 심각한 정도로 손상된 동물은 포식자에게 잡혀 먹히거나 사고로 죽게 될 가능성이 높기 때문이다. 그러나 동물원이나 실험실의 우리 안에 사는 동물은 우리 인간과 마찬가지로 나이가 듦에 따라서 몸의 거의 모든 부분이 노쇠해지는 것을 볼 수 있다.

이 슬픈 사실은 동물의 경우 수컷뿐만 아니라 암컷의 생식 기관에도 적용된다. 붉은원숭이의 암컷은 30세에 이를 무렵 제 기능을 하는 난자가 고갈되어 버린다. 나이 든 토끼의 난자는 수정이 잘 되지 않는다. 햄스터나 생쥐나 토끼의 경우 나이가 들수록 비정상적인 난자의 비율이 점점 늘어난다. 또한 늙은 햄스터나 생쥐의 수정란은 정상적으로 자라나지 못하는 경우가 많다. 햄스터, 생쥐, 토끼에서 자궁의 노화 자체가 유산율을 증가시키는 것으로 나타났다. 따라서 동물 암컷의 생식 기관은 나이가 듦에 따라 잘못될 수 있는—비록 각 개체에 따라 그 정확한 나이는 다르지만—신체의 모든 부분을 대표해서 보여 주는 소우주라고 할 수 있다.

그런데 이 킹핀 원리에 대한 눈에 띄는 예외가 있다면 그것이 바로 인간 여성의 폐경이다. 모든 여성에게 있어서 예상된 수명이 수십 년이나 남은 상태에서—심지어 수렵 · 채집 시대에도 많은 여성들이 죽기에는 너무 이른 시기에—짧은 기간 동안 생식 기능이 정지되어 버린다. 이처럼 생식 기능이 정지되는 데에는 생리적으로는 매우 사소한 이유가 있을 뿐이다. 제 기능을 할 수 있는 난자가 다 고갈되어 버린 것이 그 이유이다. 그러나 그것은 단 한 번의 돌연변이만으로도, 난자가 죽거나 호르몬에 반응하지 않게 되는 속도가 변경된다면 쉽게 사라져 버릴 수 있는 이유이다. 인간 여성의 폐경에는 생리적으로 불가피한 측면은 없다. 또한 포유류 전체의 관점에서 볼 때 진화론적으로도 불가피하다고 할 수 없다. 그러나 인간의 경우 지난 수백만 년 가운데 어느 시점에 남성이 아닌 여성에게만 일찌감치 생식 기능을 중지시키는 프로그램이 자연선택을 통해 입력된 것이다. 이와 같은 여성 생식 기관의 때 이른 노쇠는 진화의 압도적 경향에 반하는 것이기에 더욱 놀라지 않을 수 없다. 인간은 다른 모든 측면에서는 노쇠 현상을 앞으로 당기는 것이 아니라 뒤로 미루는 쪽으로 진화했기 때문이다.

인간 여성의 폐경의 진화론적 근거를 이론화하기 위해서 우리는 먼저 아이를 덜 만드는, 겉보기에는 비생산적으로 보이는 진화상의 전략이 어떻게 결과적으로 더 많은 아이를 갖도록 했는지에 대해 설명해야 한다. 여자가 늙어 감에 따라서 새로운 자식을 낳는 것보다 기존의 자식이나 손자, 손녀에게 헌신하는 편이 자신의 유전자를 지닌 후손의 수를 늘리는 데 더 유리한 것은 분명하다.

꼬리에 꼬리를 무는 진화론적 추론은 몇 가지 잔인한 사실을 드러낸다. 그중 하나는 인간의 아이가 부모에게 의존하는 기간이 무척 길다는 것이다. 다른 어떤 종의 동물보다 더 길다. 아기 침팬지는 엄마 젖을 떼자마자 스스로 먹이를 찾아 먹을 수 있다. 침팬지의 새끼는 대부분의 경우 손을 이용해서 먹을 것을 얻는다.(침팬지도 나뭇잎으로 낚시질을 해서 흰개미를 잡거나 돌을 이용해서 견과류의 껍데기를 까는 등 도구를 이용하기도 한다. 이것은 인간 과학자들에게는 엄청나게 흥미로운 현상일지는 모르지만 침팬지 입장에서는 먹고사는 데 큰 영향을 주는 일이 아니다.) 침팬지의 어린 새끼는 또한 제 손으로 음식을 먹을 수 있는 상태로 만든다. 그러나 수렵 · 채집 시대의 인간들은 대부분의 먹을거리를 땅 파는 막대, 그물, 창, 바구니 등의 도구를 이용해서 얻었다. 또한 인간이 먹는 음식 중 상당수는 도구를 이용해 다듬어야 하고 (껍질 까기, 빻기, 자르기 등) 그 다음 불 위에서 조리해야 한다. 또한 우리는 다른 동물처럼 자신의 몸을 보호할 날카로운 이빨이나 강한 근육을 가지고 있는 것도 아니다. 이번에도 역시 도구를 이용해서 몸을 보호한다. 이러한 도구를 사용하는 것만도 아기의 손재주로는 어림없는 일이다. 하물며 이러한 도구를 만드는 것은 어린 아이의 능력으로는 어림없는 일이다. 도구의 사용과 도구의 제작은 모방뿐만 아니라 언어를 통해 전승된다. 아이가 언어를 완전하게 익히는 데에는 거의 10년 가까운 시간이 걸린다.

그 결과 대부분의 인간 사회에서 아이는 10대나 20대에 이르기 전까지는 경제적으로 독립하거나 경제적으로 한 사람 몫의 일을 할 수 없다. 그 전까지 아이는 자신의 부모, 특히 어머니에게 의존할 수밖에 없다. 그 이유는 우리가 앞에서 논의한 바와 같이 어머니가 아버지보다 육아에 더 기여하기 때문이다. 아이에게 있어서 부모는 단순히 먹을 것을 가져다주고 도구 만드는 법을 가르쳐주는 것뿐만 아니라 적과 위험으로부터 보호해 주고 부족 내에서의 지위를 제공해 준다는 점에서도 중요하다. 전통 사회에서 어린 시절에 어머니나 아버지가 죽을 경우 그 아이의 삶은 커다란 손실을 입게 되었다. 이러한 위험은 남아 있는 부모가 재혼을 한 경우에도 마찬가지였다. 계부 또는 계모의 유전적 이익과의 충돌 가능성이 있기 때문이다. 누군가에게 입양되지 못한 어린 고아의 경우 살아남을 가능성은 더욱 낮아졌다.

따라서 이미 여러 명의 자녀를 둔 수렵·채집 사회의 어머니는 가장 어린 자식이 10대에 이르기 전에 자신이 죽을 경우 유전적 투자의 일부를 잃어버릴 위험에 처해 있다. 인간 여성의 폐경이라는 현상의 근저에 놓여 있는 이 잔인한 사실은 또 다른 잔인한 사실에 비추어볼 때 한층 더 암울해진다. 어머니가 새로운 아이를 낳을 때마다 그 어머니의 이전 자식들은 즉각 생명의 위험에 처하게 된다. 어머니가 아이를 낳다가 죽을 수 있기 때문이다. 대부분의 동물 종에서 출산 중 사망은 그다지 심각한 위험이 아니다. 예를 들어서 임신한 붉은원숭이의 암컷 401마리를 대상으로 한 연구에서 오직 1마리만 새끼를 낳다가 죽었다. 그러나 전통 사회에서 출산 중 사망할 위험은 그보다 훨씬 높았고 특히 산모의 나이가 많을수록 그 위험은 증대되었을 것이다. 심지어 풍요로운 20세기 선진국에서도 40세 산모의 출산 중 사망 위험은 20세 산모보다 7배 더 높은 것으로 나타났다. 새로 아이를 낳을 때마다 어머니의 생명이 위험해지는 것은 출산 중의 즉각적 사망뿐만 아니라 아이에게 젖을 먹이고, 어린 아이를 안거나 업고 다니고, 늘어난 자식들을 먹이느라 더 많은 일을 하느라 지쳐서 병들어 죽게 될 위험까지도 포함한다.

또 하나의 잔인한 사실은 나이 많은 산모가 낳은 아기는 그 자체로 생존할 확률이 낮다는 것이다. 산모의 나이가 듦에 따라 유산, 사산, 미숙아 출산, 유전적 결함의 위험이 증가하기 때문이다. 예를 들어서 산모의 나이가 많을수록 다운 증후군이라는 유전병을 가진 태아를 낳을 위험이 증가하는데 30세 이전의 산모의 경우 2000명에 1명 꼴로 나타나는 이 유전적 결함이 35세에서 39세 사이의 경우 300명에 1명꼴로, 43세의 경우 50명에 1명꼴로, 그리고 40대 후반의 경우 무시무시하게도 10명 중 1명꼴로 그 비율이 증가한다.

여성이 나이가 들면 들수록 점점 더 아이의 수가 많아지게 되고, 그 아이들을 돌보아 온 시간은 더 길어지고 더 많은 투자를 한 셈이 되기 때문에 임신을 했을 때 감수해야 할 위험이 더 커지는 셈이 된다. 뿐만 아니라 여성 자신이 출산 중이나 출산 후에 죽게 될 위험과 새로 태어나는 아이가 죽거나 손상될 위험 역시 증가한다. 따라서 나이 든 어머니가 아이를 낳을 때 얻어지는 잠재적 이익은 줄어드는 데 반해서 위험은 증가한다. 이것이 바로 인간 여성이 폐경을 겪도록 만든 일련의 요소들이며 그 결과 역설적이게도 여성은 더 적은 수의 아이를 낳지만 더 많은 수의 아이를 생존시킬 수 있게 되었다. 자연선택이 남성의 폐경이라는 프로그램을 입력하지 않은 데에는 세 가지의 추가적인 잔인한 사실이 도사리고 있다. 첫째, 남자는 아이를 낳다 죽을 일이 전혀 없고, 둘째, 성교 중에 죽는 일도 드물며, 마지막으로 아이를 보살피느라 자신의 기력이 모두 빠지게 될 가능성 역시 여성보다 적다.

이론적으로 폐경을 겪지 않는 늙은 여자가 아이를 낳거나 키우다가 죽게 될 경우 그녀는 이전의 아이들에게 투자한 것 이상을 잃는 셈이 된다. 왜냐하면 그녀가 낳은 아이들도 언젠가 또 아이를 낳을 것이고 그 아이들 역시 늙은 여인의 투자에 포함되기 때문이다. 특히 전통 사회에서 여성의 생존은 그녀의 자식들뿐만 아니라 손자와 손녀에게도 매우 중요했다.

폐경기 이후의 여성의 확장된 역할을 연구한 사람은 크리스틴 호크스이다. 바로 5장에서 내가 논의한 남성의 역할을 연구했던 그 인류학자이다. 호크스와 동료들은 탄자니아의 수렵·채집 사회인 하드자 족의 여성들을 대상으로 연령에 따라 먹을 것을 구하는 활동이 어떻게 이루어지는지 조사했다. 먹을 것을 구하는(특히 나무뿌리를 캐고, 꿀을 모으고, 열매를 따는) 활동에 가장 많은 시간을 할애하는 집단은 다름 아닌 폐경이 지난 연령층의 여성이었다. 10대 소녀나 갓 결혼한 젊은 여성의 경우 고작 3시간, 어린 아이를 둔 기혼 여성은 먹을 것을 구하는 데 4.5시간을 쓰는 것에 비해서 근면한 하드자 족의 할머니들은 하루에 7시간이나 먹을 것을 구하는 데 바치는 것으로 나타났다. 또한 채집 활동의 보상은 (시간당 구한 음식의 무게로 환산했을 때) 나이가 들고 경험이 많을수록 늘어날 것이라고 예상할 수 있다. 따라서 성인 여성이 10대 소녀보다 더 많은 보상을 얻는 것은 당연한 일일 것이다. 그런데 흥미롭게도 할머니들의 채집 활동의 생산성은 한창 때의 여성에 비해 결코 떨어지지 않는 것으로 나타났다. 채집 시간이 늘어난 것과 채집의 효율성이 떨어지지 않았다는 사실이 한데 어울려 폐경기를 지난 할머니들은 다른 어떤 연령 집단의 여성보다 하루에 더 많은 음식을 집으로 가져왔다. 그 양은 할머니들 자신이 필요로 하는 양을 훨씬 넘어섰다. 또한 할머니들은 이미 먹이고 길러야 할 딸린 자식들이 있는 처지도 아니었다.

호크스와 동료들은 하드자 족 할머니들이 남는 음식을 가까운 친척들, 즉 손자, 손녀나 다 자란 자녀들에게 나누어 준다는 사실을 관찰했다. 음식의 열량을 성장하는 아이의 몸무게로 변환시키는 전략에 있어서도 나이 든 여성 입장에서는 (설사 생식 능력이 있다고 하더라도) 새 아이를 낳아 그 아이를 먹이는 것보다는 성장한 자식과 손자, 손녀를 먹이는 쪽이 더 효율적이라고 할 수 있다. 왜냐하면 어찌 되었든 나이가 듦에 따라 생식 능력은 점차로 떨어지게 되는 반면 이전에 낳은 자식들은 자라서 생식 능력이 정점에 이르는 성인기에 접어들게 되기 때문이다. 뿐만 아니라 전통 사회에서 폐경기 이후의 여자들의 기여는 이처럼 음식을 나누어 주는 것에 그치지 않는다. 할머니들은 손자와 손녀를 돌보아 줌으로써 성인인 자식들이 할머니의 유전자를 물려받은 아기를 더 많이 낳을 수 있도록 돕는다. 뿐만 아니라 할머니는 자식과 마찬가지로 손자,

손녀에게도 자신의 사회적 지위를 물려준다.

만일 여러분이 신(神) 또는 다윈이 되어서 나이 든 여자들이 폐경을 하는 편이 낳을지, 생식력을 되찾는 편이 나을지 결정해야 하는 상황이라고 생각하고 폐경이 가져다주는 비용과 이익을 대변과 차변에 기입해 보자. 폐경의 비용은 생식력이 정지됨으로써 포기해야 할 잠재적 아이들이다. 폐경이 가져다주는 이익은 노령에 아이를 출산하거나 키우다가 죽게 될 위험을 회피할 수 있다는 것과, 이전에 낳은 자녀와 그 자녀의 자녀들의 생존 확률이 높아지는 것이다. 이러한 이익의 크기는 여러 가지 세부 사항에 따라 달라진다. 출산 중 혹은 후에 사망할 위험이 얼마나 큰가? 그 위험이 나이에 따라 얼마나 증가하는가? 아이가 없거나 육아의 부담이 없는 같은 연령대 사람의 사망 위험은 얼마나 큰가? 폐경기 이전에 생식 능력이 얼마나 빨리 감소되는가? 폐경을 겪지 않는 경우에는 생식 능력이 어느 정도의 속도로 감소하게 될까? 이 모든 요인들은 각 사회 집단에 따라 다르기 때문에 정확히 추정하기 어렵다. 그렇기 때문에 인류학자들은 지금까지 내가 논의한 두 가지 사실 ——손자와 손녀에게 자원을 투자하고, 기존의 자녀들에 대한 투자분을 보호하기 ——이 폐 때문에 포기해야 하는 기회, 즉 추가적인 자녀의 생산이라는 기회를 상쇄하기에 충분하며, 따라서 인간 여성의 폐경의 진화를 설명할 수 있는지에 대해 확답을 내리지 못하고 있다.

그런데 폐경의 이익이 아직도 한 가지 더 남아 있다. 이것은 지금까지 거의 주목을 받지 못해 온 사실이다. 그것은 문자를 사용하기 이전의 사회에서 노인들이 부족 전체에 중요한 기여를 한다는 것이다. 이것은 최초의 인류에서부터 기원전 3300년경 메소포타미아 지방에서 문자가 발명되기 전까지 모든 인간 사회에 적용되는 사실이다. 인간의 유전을 다루는 교과서들은 종종 자연선택이 나이 든 노인들에게 손상을 주는 효과를 지닌 돌연변이를 제거하지 못한다고 단언해 왔다. 그와 같은 돌연변이에 반하는 자연선택이 이루어지지 않는 이유는 어차피 나이 든 사람은 '생식 후기(postreproductive)'에 있기 때문이라는 것이다. 내가 보기에 그와 같은 주장은 인간을 다른 종과 구별시켜 준 중요한 사실을 간과하고 있다. 그러나 은둔해서 홀로 살아가는 사람을 제외하고 자신의 유전자를 공유한 다른 사람들의 생존과 생식에 기여하지 못하는, 그래서 진정한 의미에서 생식 후기에 있는 사람은 존재하지 않는다.

그렇다. 야생 상태에서 생식 능력을 잃어버릴 정도로 나이를 많이 먹은 오랑우탄이 있다면 나는 이 오랑우탄이 '생식 후기'에 접어들었다고 인정할 것이다. 왜냐하면 오랑우탄의 경우 어린 새끼를 달고 다니는 어미를 제외하고 각 개체들이 따로따로 살아가기 때문이다. 또한 오늘날과 같이 문자를 사용하는 사회에서 나이가 들수록 노인들이 사회에 기여할 수 있는 여지가 줄어드는 것—오늘날의 노년 인구가 그들 자신이나 사회의 다른 구성원들에게 야기하는 엄청난 문제점의 뿌리에 도사리고 있는 새로운 현상—역시 인정한다. 오늘날 우리 현대인들은 대부분의 정보를 문자, 텔레비전, 라디오 등의 매체를 통해 얻는다. 우리는 문자가 없는 사회에서 노인들이 정보와 경험의 저장고로서 가지고 있는 어마어마한 중요성을 헤아리는 것조차 불가능하다.

노인들의 그와 같은 역할에 대한 예가 여기 있다. 뉴기니 및 근처의 남서 태평양 제도에서 새의 생태에 대한 현장 연구를 실시할 때, 나는 전통적으로 문자 없이 살아 왔고, 석기를 사용하며, 농사를 짓고 낚시를 하기도 하지만 여전히 상당 부분 사냥과 채집에 의존하는 사람들 속에서 생활했다. 나는 마을 사람들에게 그 지역에 사는 새를 포함한 동식물을 원주민의 언어로 무엇이라고 부르는지, 그리고 각 종에 대해 그들이 알고 있는 지식에 대해 끊임없이 물어 보았다. 그 결과 뉴기니 및 태평양 제도의 원주민들은 수천 종 이상의 새의 이름과 각 종의 서식지, 행동, 생태, 유용성을 비롯해서 어마어마한 양의 전통적 생물학 지식을 가지고 있음을 발견했다. 이러한 지식은 그들에게 매우 중요한 것이다. 왜냐하면 야생 동식물은 전통적으로 원주민들이 섭취하는 음식의 대부분을 차지하고, 뿐만 아니라 집을 짓는 재료, 약품, 장식품의 원료이기 때문이다.

그런데 희귀한 종의 새에 대해 계속해서 물어 보는 과정에서 나는 오직 나이 든 사냥꾼만이 그 질문에 대답을 할 수 있다는 사실을 발견했다. 나중에는 내 질문에 그들조차 대답하지 못하게 되었다. 그러자 나이 든 사냥꾼은 "노인에게 물어 봐야 한다."라고 대답했다. 그런 다음 나를 나이 든 할아버지나 할머니가 살고 있는 오두막으로 데려갔다. 많은 경우에 그 노인들은 백내장으로 앞도 보지 못하고 거의 걷지도 못하고 다른 사람이 미리 씹어서 주지 않으면 음식도 먹지 못하는 상태였다. 그러나 이 늙은이들이 바로 부족의 도서관이었다. 이 사회들은 전통적으로 문자라고 할 만한 것이 없었기 때문에 나이 든 사람들이 그 지역의 환경에 대해 젊은이들보다 더 잘 알았고 오래전에 일어난 사건들에 대한 정확한 지식을 가지고 있었던 것이다. 과연 노인들의 입에서 희귀한 새의 이름과 그 새의 습성에 대한 설명이 줄줄 흘러나왔다.

　나이 든 사람의 축적된 경험은 전체 부족의 생존에 매우 중요한 것이었다. 1976년에 내가 남서 태평양의 회오리바람대(cyclone belt)에 걸쳐져 있는 솔로몬 제도에 있는 렌넬(Rennell) 섬을 방문했을 때 목격한 사실이 그 예이다. 내가 새들이 먹는 열매나 종자에 대해 물어 보자 렌넬 원주민인 나의 자료 제공자는 렌넬 어로 열두어 종의 식물의 이름과 각 식물의 열매를 먹는 모든 새와 박쥐의 종을 열거하고 그 열매를 사람이 먹을 수 있는지 말해 주었다. 가식성 여부는 또다시 사람들이 전혀 먹지 않는 열매, 사람들이 늘 먹는 열매, 오직 기근이 들었을 때만 먹는 열매라는 세 가지 범주로 나뉜다. 그런데 기근에 대해서 묘사할 때 계속해서 생소한 렌넬 어가 내 귀에 들려 왔다. 그들은 계속해서 "헝기 켕기(hungi kengi)"가 왔을 때 먹었던 열매에 대해 이야기했다. 결국 이 헝기 켕기는 생존한 사람들의 기억 속에 존재하는 가장 파괴적인 회오리바람을 가리키는 이름인 것으로 밝혀졌다. 당시 이 섬을 통치하던 유럽 식민지 정부의 역사에 기록된 사건들과 연관지어 볼 때 그 연대는 1910년경인 것이 분명했다. 헝기 켕기는 당시 렌넬의 삼림 대부분을 초토화시키고 밭을 모두 망쳐 놓았으며 사람들을 거의 굶어죽기 직전의 상태까지 몰아갔다. 섬사람들은 보통 때 같으면 먹지 않았을 야생 열매들을 따먹으며 목숨을 부지했다. 그런데 그러기 위해서는 어떤 식물에 독이 있고 어떤 식물이 무독한지에 대한 상세한 지식이 필요했다. 뿐만 아니라 독이 있는 식물에서 독을 제거하는 조리법 역시 중요한 지식이었다.

내가 중년에 접어든 렌넬 인 자료 제공자에게 계속해서 식물의 가식성 여부에 대한 질문을 퍼부어 대자 그는 나를 한 오두막으로 데려갔다. 컴컴한 오두막의 희미한 빛에 눈이 익자 예상했던 대로 늙고 쇠약해 보이는 노파가 눈에 보였다. 다른 사람의 부축 없이는 혼자 걷지도 못하는 노인이었다. 그녀는 헝기 켕기가 지나간 후 밭에서 작물이 다시 자라게 되기 전까지 먹었던, 독이 없고 영양가 많은 야생의 열매들에 대한 기억을 지닌 마지막 사람이었다. 노파의 말에 따르면 헝기 켕기가 왔던 해에 그녀는 결혼할 나이에 한참 못 미친 어린 아이였다고 한다. 내가 렌넬을 방문했던 해가 1976년이고 파괴적인 회오리바람이 섬을 강타한 것은 그로부터 66년 전인 1910년 무렵이니까 그녀의 나이는 당시 80대 초반이었을 것으로 짐작한다. 그녀가 1910년의 회오리바람으로부터 살아남을 수 있었던 것은 그 전에 큰 회오리바람을 겪고 살아남았던 나이 많은 사람들의 지혜 덕분이었다. 그리고 이제 또 다른 회오리바람이 왔을 때 마을 사람들의 생존은 그녀 자신의 기억에 달려 있었다. 다행히도 그녀는 기근이 들었을 때의 삶을 매우 상세한 부분까지 기억하고 있었다.

이와 같은 일화는 무수히 찾아볼 수 있다. 전통적인 인간 사회는 소수의 목숨을 위협하는 작은 위험들을 빈번하게 마주해 왔고 또한 사회 구성원 전체의 생존을 위협하는 파괴적인 자연 재해나 다른 부족과의 전쟁 역시 이따금씩 마주해 왔다. 그런데 전통적인 소규모 사회의 경우 사실상 모든 구성원들이 서로 관련을 맺고 있다. 그렇기 때문에 전통 사회에서 노인들은 그들의 자식과 손자, 손녀의 생존뿐만 아니라 그들의 유전자를 공유하는 수백 명의 부족 구성원들의 생존에 꼭 필요한 존재였다.

인간 사회 가운데 헝기 켕기와 같은 과거의 중요한 사건을 기억할 만큼 나이를 많이 먹은 구성원을 포함하고 있는 사회는 그와 같은 나이 든 구성원이 없는 사회보다 생존할 기회가 더 많을 것이다. 나이 든 남자들은 아이를 낳다가 죽거나 수유나 육아에 지쳐

죽게 될 위험이 없기 때문에 폐경으로 보호받도록 진화될 필요가 없었다. 그러나 늙어도 폐경을 겪지 않는 여자들은 출산 중 사망이나 육아의 부담에 계속 노출되었기 때문에 결국에는 인간의 유전자 풀에서 제거되었을 가능성이 높다. 뿐만 아니라 여성이 폐경을 겪지 않아 일찍 죽어 버리게 된다면 헝기 켕기와 같은 위기가 닥쳐왔을 때 그 여성의 자손들이 모조리 유전자 풀에서 제거될 수도 있다. 점점 불리해지는 조건 속에서 아이 한두 명을 더 낳기 위해서 위험을 감수하기에는 그 유전적 비용이 너무나 컸다. 나이 든 여성의 기억이 전체 사회에 미치는 중요성이야말로 인간 여성의 폐경의 진화 뒤에 놓여 있는 중요한 원동력이라고 나는 생각한다.

물론 유전적으로 서로 연관된 개체들끼리 집단을 이루어 생활하고, 한 개체에서 다른 개체로 문화적(다시 말해서 비유전적) 방법으로 전승되는 획득된 지식에 개체의 생존이 의존하는 것은 비단 인간이라는 종에 국한된 현상은 아니다. 예를 들어서 우리는 고래가 매우 지적인 동물로 복잡한 사회적 관계를 형성하고, 또한 혹등고래의 노래에서 볼 수 있는 것처럼 정교한 문화적 전통을 가지고 있다는 사실을 알게 되었다. 암컷의 폐경에 대한 풍부한 증거가 확보되어 있는 또 다른 포유류 종인 지느러미고래의 경우가 아주 뚜렷한 예가 될 수 있다. 전통적인 수렵·채집 사회의 인간과 마찬가지로 지느러미고래 역시 50마리에서 250마리의 개체로 이루어진 '부족' 속에서 살아간다(이들의 경우 그 부족을 무리(pod)라고 부른다.). 유전학적 연구 결과에 따르면 지느러미고래의 무리는 모든 구성원들이 서로 친족 관계를 이루고 있는 거대한 가족이나 마찬가지이다. 왜냐하면 수컷이든 암컷이든 한 무리에서 다른 무리로 옮겨 가서 사는 일이 없기 때문이다. 그런데 한 무리에 속하는 암컷 가운데 상당 비율이 폐경을 겪는 것이 발견되었다. 지느러미고래의 경우 인간의 여성처럼 출산이 위험한 일이 아닌 만큼 아마도 나이 든 지느러미고래의 암컷은 수유와 육아에 지쳐서 도태된 것으로 보인다.

그밖에도 사회적 동물 가운데 자연 상태에서 어느 정도 비율의 암컷이 폐경기에 이르는지에 대해 좀 더 자세한 연구가 필요한 종이 있다. 침팬지, 보노보, 아프리카 코끼리, 아시아 코끼리, 범고래 등이 폐경을 할 가능성이 있는 후보이다. 그런데 이러한 동물들 대부분은 인간의 파괴 행위에 의해 너무나 많은 개체를 잃은 상태라 과연 야생 상태에서 암컷의 폐경이 생물학적으로 의미 있는 비율이 되는지 알아볼 기회를 놓쳤는지도 모른다. 그러나 과학자들은 이미 범고래를 대상으로 관련된 데이터를 수집하기 위해 노력하고 있다. 우리가 범고래처럼 몸집이 크고 사회를 이루어 살아가는 포유류 종에 관심을 갖는 이유 중 하나는 그 동물들과 그들의 사회적 관계가 우리와 비슷한 면이 있기 때문이다. 그렇기 때문에 이러한 종 가운데 일부가 적게 낳아 잘 기르기를 실천하고 있다고 하더라도 전혀 놀랍지 않을 것이다.

7

섹스어필의 진실

남편과 부인 모두 나의 친구인 한 부부가 있다. 사생활 보호 차원에서 그들에게 각각 아트 스미스와 주디 스미스라는 가명을 부여하기로 한다. 그들의 결혼 생활은 한동안 어려움을 겪었다. 남편과 부인 두 사람 모두 연속해서 여러 차례 외도를 한 끝에 둘은 별거에 들어갔다. 최근 그들은 다시 합치기로 했다. 아이들이 너무 힘들어한다는 것이 부분적인 이유였다. 이제 아트와 주디는 손상된 관계를 회복하기 위해 노력하고 두 사람 모두 다시는 바람을 피우지 않기로 약속했다. 그러나 서로에 대한 의심과 원망의 마음은 쉽게 사라지지 않았다.

그러한 상황에서 아트가 출장을 가느라 며칠 집을 비우게 되었다. 어느 날 아침 출장지에서 집으로 전화를 건 아트는 수화기 너머로 굵직한 남자 목소리가 들리자 소스라치게 놀랐다. 무언가가 목구멍을 꽉 막아 숨을 쉴 수 없는 느낌이었다. 곧 그의 마음은 그가 마주한 낯선 상황의 원인을 찾아 이리저리 방황했다.(내가 번호를 잘못 눌렀나? 이 남자가 대체 내 집에서 뭘 하는 거지?) 그런데 정신을 채 수습하기도 전에 자신도 모르게 말이 입에서 튀어나왔다. "스미스 부인 계십니까?" 그러자 남자는 너무나도 태연하게 "지금 위층 방에서 옷을 갈아입고 있어요."라고 말했다.

그 순간 아트의 눈앞에 불똥이 튀면서 격노가 휘몰아쳤다. 그리고는 마음속으로 소리쳤다. "또 시작이군! 이제 아주 놈팽이를 내 침대로 끌어들였군! 그 놈이 뻔뻔스럽게 전화까지 받고 말이야!" 아트의 머릿속에는 당장 집으로 달려가 놈을 죽여 버리고 주디의 머리통을 두 손에 쥐고 벽에 내리쳐 버리는 자신의 모습이 영화 필름처럼 돌아갔다. 그 와중에 그의 입 밖으로 새나오는 자신의 목소리가 도저히 믿어지지 않았다. 그 목소리는 떠듬떠듬 이렇게 말했다. "그런데 …… 당신은 …… 누구시오?"

그러자 수화기 저편의 목소리가 갑자기 바리톤에서 소프라노로 올라갔다. "아빠, 저예요. 제 목소리 모르시겠어요?" 그 목소리의 주인공은 바로 변성기를 겪고 있는 열네 살 난 아들이었던 것이다. 그러자 안도감과 흥분감과 자조적 웃음과 흐느낌이 온통 뒤섞여 아트는 또 한 번 숨이 콱 막혀 오는 것을 느꼈다.

아트의 이 이야기는 나에게 합리적인 동물인 인간도 동물처럼 행동 프로그램에 얽매인 불합리한 노예일 수밖에 없다는 사실을 다시 한번 일깨워 주었다. 단지 몇 마디의 음절을 내뱉는 목소리의 높이가 한 옥타브 변한 것만으로 아트에게 있어서 목소리 주인공의 이미지는 위협적인 라이벌에서 아이로 변하고 아트의 기분은 살기 넘치는 분노에서 아버지의 사랑으로 변했다. 우리는 그와 같은 사소한 실마리를 통해서 대상이 어린지, 나이를 먹었는지, 추한지, 매력적인지, 위협적인지, 약한지를 판단한다. 아트의 이야기는 동물학자들이 동물의 신호(signal)라고 부르는 것의 위력을 생생히 보여 준다. 상대방이 매우 빨리 알아볼 수 있으며, 그 자체로는 별로 중요하지 않지만 성, 나이, 공격성, 관계 등 중요하고 복잡한 일련의 생물학적 속성을 표시해 주는 실마리가 바로 동물의 신호이다. 이러한 신호는 동물들의 의사소통에 필수적이다. 동물들의 의사소통이란 상대가 나에게, 혹은 상대와 나 모두에게 적응적(adaptive)으로 행동할 확률을 변경시키는 과정이다. 그 자체로는 극히 적은 에너지를 필요로 하는 작은 신호(예를 들어 목소리를 깔아서 몇 음절을 발음하는 행동)가 엄청난 에너지를 필요로 하는 행동(예를 들어서 상대방을 죽이기 위해 나의 목숨을 내거는 행동)을 유발할 수 있다.

인간이나 다른 동물의 신호는 자연선택을 통해 진화되어 왔다. 예를 들어서 같은 종에 속하는 두 개체가 있다고 하자. 체격이나 힘에 있어서 약간의 차이를 보이는 이 두 개체가 둘 중 하나에게 이익을 가져다줄 자원을 놓고 서로 대치하고 있다고 하자. 그렇다면 실제로 싸움을 벌이기 전에 각각의 상대적 힘의 세기를 정확하게 나타냄으로써 싸움의 결과를 예측할 수 있도록 해 주는 신호를 서로 교환하는 편이 양쪽 모두에게 이익이 될 것이다. 직접 싸우는 것을 피함으로써 상대적으로 약한 편은 상처를 입거나 생명을 잃는 것을 막을 수 있고, 강한 쪽은 에너지를 절약하고 위험을 피할 수 있다.

동물의 신호는 어떻게 진화되었을까? 동물의 신호가 실제로 전달하는 것은 무엇일까? 다시 말해서, 신호는 완전히 자의적인 것일까, 아니면 더 깊은 의미를 가지고 있는 것일까? 신호의 신뢰성을 보장하고 속임수를 최소화하는 것은 무엇일까? 우리는 이제 인간의 몸의 신호, 특히 성과 관련된 신호에 대해서 탐구해 나가면서 이러한 질문의 답을 찾을 것이다. 그러나 일단은 다른 종의 동물들의 신호에 대한 개괄에서 출발하는 것이 좋을 것이다. 왜냐하면 동물의 경우 인간에게는 할 수 없는 대조 실험(controlled experiment)을 통해 좀 더 명확한 통찰을 얻을 수 있기 때문이다. 곧 다루게 되겠지만, 동물학자들은 표준화된 외과 수술로 동물의 신체를 변화시킴으로써 동물의 신호에 대한 통찰을 얻을 수 있었다. 요즘은 성형외과 의사에게 자신의 신체를 변화시켜 달라고 요구하는 사람들도 있다. 그렇지만 그것으로 제대로 된 대조 실험을 할 수는 없는 노릇이다.

동물들은 다양한 경로를 통해서 서로 신호를 주고받는다. 우리에게 가장 친숙한 신호는 청각적 신호이다. 새들이 이성을 유혹하거나 경쟁자에게 자신의 영토 점유권을 주장할 때 부르는 노래, 가까운 곳에 위험한 맹금이 나타났다는 사실을 경고할 때 부르는 노래 등이 그 예이다. 행동으로 보내는 신호 역시 우리에게 친숙하다. 애견가들은 귀와 꼬리를 치켜세우고 목 주변의 털을 곤두세운 개는 공격적인 상태라는 것을 잘 알고 있다. 한편 개가 꼬리와 귀를 축 늘어뜨리고 털을 눕히는 것은 복종을 인정하거나 화해를 청하는 신호이다. 많은 포유동물들이 자신의 영역을 표시하는데 후각 신호를 이용한다(개가 길가 소화전에 오줌을 누어 냄새를 풍겨놓는 것도 그 예이다.). 개미는 음식물이 있는 위치를 냄새로 표시한다. 한편 우리에게 친숙하지 않고, 우리가 감지할 수 없는 신호도 있다. 예를 들어 전기뱀장어는 서로 전기적 신호를 주고받는다.

지금 내가 언급한 신호들은 재빨리 나타났다가 사라지는 종류의 신호이지만 한편으로 동물의 신체의 해부학적 구조에 영구적으로, 혹은 일정 기간에 걸쳐 고정되어 있으면서 다양한 종류의 메시지를 전하는 신호도 있다. 예를 들어서 많은 종의 새는 깃털 모양으로 암수를 구별할 수 있고 고릴라나 오랑우탄의 경우 머리 생김이 성별에 따라 다르다. 4장에서 논의한 바와 같이 많은 영장류 종의 암컷들이 엉덩이나 질 주변의 피부가 부풀어 오르고 붉게 변하는 현상을 통해 배란 사실을 광고한다. 새의 경우 대부분 성적으로 미성숙한 어린 새는 깃털 모양이 다 자란 새와 다르다. 성적으로 성숙한 수컷 고릴라는 등에 말안장 모양으로 은빛 털이 돋아난다. 재갈매기(herring gull, *Larus argentatus*)의 경우 더욱 정교하게 나이 신호가 나타나는데 생후 1년 미만인 새와 한 살, 두 살, 세 살, 그리고 네 살 이상 되는 새의 깃털이 각각 구분된다.

우리는 동물의 몸을 약간 변형시키거나 아니면 가짜 모형을 만듦으로써 신호에 변화를 주는 방법으로 실험적으로 동물의 신호를 연구할 수 있다. 예를 들어서 동물이 이성에게 이끌리는 현상은 이성의 신체의 특정 부위에 의존하는 경향이 있다. 인간의 경우에도 뚜렷하게 드러나는 현상이다. 이러한 현상을 실험적으로 입증하기 위해서 긴꼬리천인조(Long-Tailed Widowbird, *Euplectes progne*) 수컷의 꼬리를 더 길게 만들거나 짧게 만들어 보았다. 이 아프리카 새의 40센티미터 길이의 꼬리가 암컷을 끌어당기는 데 어떤 역할을 할 것으로 추측되어 왔기 때문이다. 그 결과 인위적으로 꼬리를 잘라 15센티미터가 되도록 만든 수컷에 이끌리는 암컷의 수는 줄어들었고, 다른 조각을 덧대서 꼬리를 65센티미터로 길게 만든 수컷은 보통 수컷보다 더 많은 암컷을 유혹하는 데 성공했다. 한편 갓 부화된 재갈매기의 새끼는 부모 새의 부리 아래쪽에 있는 붉은 점을 쪼아댄다. 그러면 부모가 위장에서 반쯤 소화시킨 먹이를 토해내서 새끼에게 먹인다. 부모 새의 경우 붉은 점을 쪼는 자극이 음식물을 토해내는 반응을 유도해 내지만 새끼 새의 경우 희끄무레한 색의 기다란 물체에 있는 붉은 점을 보는 것이 자극이 되어 그 점을 쪼아대는 반응을 유도하게 된다. 인공적으로 만든 부리에 붉은 점을 그려 넣은 경우 아무 점이 없는 부리보다 새끼 새들이 네 배 더 많이 쪼아댔고 점이 있되 붉은색이 아닌 다른 색인 경우에는 붉은 점이 있는 부리의 절반 정도의 빈도로 쪼아댔다. 마지막으로 유럽에 서식하는 박새를 대상으로 한 실험이 있다. 이 새는 가슴에 검정 줄무늬가 있는데 이 줄무늬가 사회적 지위를 나타내는 신호 역할을 한다. 새의 모이통 주변에 모터로 가동되고 원격 조정되는 박새의 모델을 여러 개 가져다 놓은 후 살아 있는 박새를 그 무리에 집어넣었을 때 이 침입자 새는 오직 모델의 줄무늬 띠가 자신의 띠보다 더 넓은 경우에만 뒤로 물러나는 것으로 나타났다.

어떻게 대체 꼬리의 길이라든지, 부리에 난 점의 색깔이라든지, 검정 줄무늬 띠의 너비와 같이 겉보기에는 그저 임의적인 것으로 보이는 특징이 그토록 커다란 행동의 차이를 이끌어내는 것일까? 왜 흠잡을 데 없는 박새가 자기보다 가슴의 줄무늬 띠가 약간 더 넓은 새를 보고 먹이 앞에서 흠칫 물러나는 것일까? 가슴의 검은 줄이 넓은 것이 왜 위협적인 힘을 암시하는 걸까? 우리는 또한 다른 면에서는 열등하지만 단지 가슴의 검은 줄의 너비가 다른 새들보다 더 넓은 유전자를 가진 박새가 제 능력에 맞지 않게 높은 사회적 지위를 누리게 될 것이라고 생각할 수 있다. 그렇다면 그러한 거짓 신호가 점점 빈번해지면서 신호 본래의 의미를 파괴하게 되어야 마땅하지 않을까?

이러한 의문들은 아직도 완전히 답을 얻지 못했고 여전히 동물학자들 사이에서 열띤 논란이 벌어지고 있다. 특히 동물마다, 신호마다 그 양상이 다르기 때문에 답을 얻기 어렵다. 자, 이제 신체의 성적 신호, 즉 같은 종의 동물에서 어느 한 성에는 있지만 다른 성에는 존재하지 않는 신체 구조, 또는 이성 가운데에서 잠재적 배우자를 끌어당기거나 동성의 경쟁자에게 강한 인상을 주는 신체 구조에 비추어 이러한 의문들을 숙고해 보자. 이러한 성적 신호를 설명하는 세 가지 경쟁 이론이 있다.

첫 번째 이론은 영국의 유전학자인 로널드 피셔 경(Sir Ronald Fisher)이 주창한 것으로 피셔의 이탈 선택 모델(runaway selection model)이라고 불린다. 인간의 여성이나 다른 모든 동물 종의 암컷은 자신의 후손에게 물려줄 좋은 유전자를 지니고 있는 남성 또는 수컷을 배우자로 선택해야 한다는 난제를 마주하게 된다. 이것은 결코 쉬운 문제가 아니다. 왜냐하면, 여자들이라면 모두 잘 알고 있겠지만, 남성 또는 수컷의 유전자의 품질을 직접 평가할 수 있는 방법이 없기 때문이다. 여성 또는 암컷이 생존에 조금이라도 더 유리한 남성 또는 수컷의 신체 구조에 성적으로 이끌리도록 유전적으로 프로그램되어 있다고 생각해 보자. 그와 같은 신체 구조를 가진 수컷은 추가적인 이익을 획득하는 셈이 된다. 더 많은 암컷을 끌어들여서 자신의 유전자를 지닌 자손을 더 많이 남길 수 있기 때문이다. 그러한 신체 구조를 가진 수컷을 선호하는 암컷 역시 이익을 얻는다. 그와 같은 암컷은 수컷인 자신의 새끼에게 유리한 신체 구조의 유전자를 물려줄 수 있고 그 결과 그 새끼인 수컷이 자라면 암컷들의 선호의 대상이 될 터이니 말이다.

선택의 이탈 과정은 다음과 같다. 자연선택은 특정 구조가 과장되게 커진 수컷을 선호하고, 같은 맥락에서 그 과장된 크기의 구조에 특별히 더 이끌리는 암컷을 선호하게 된다. 그 결과 여러 세대를 거듭하면서 그 특정 구조는 점점 더 커지고 점점 더 눈에 잘 띄게 되어 급기야는 본래의 생존에 유리한 정도를 벗어나게 된다. 예를 들어서 남들보다 약간 더 긴 꼬리는 하늘을 나는 데 유용했을지도 모른다. 그러나 공작의 거대한 꼬리는 분명 나는 데 도움이 되지 않을 것이다. 진화상의 이탈 과정은 그와 같이 지나치게 발달한 특성이 생존에 불리하게 작용할 경우에만 멈추게 된다.

두 번째 이론은 이스라엘의 동물학자 아모츠 자하비(Amotz Zahavi)가 제안했다. 그는 성적 신호 기능을 하는 신체 구조 중 상당수가 너무 크거나 눈에 잘 띄어서 실제로 생존에 불리하게 작용한다는 점에 주목했다. 실제로 공작이나 천인조의 꼬리는 이 새들의 생존에 도움이 되지 않을 뿐만 아니라 생존을 더욱 어렵게 만들고 있다. 무겁고, 길고, 넓은 꼬리를 달고 다니는 것은 초목 사이를 뚫고 지나가거나, 위로 날아오르거나, 계속해서 나는 것을 어렵게 만들고 그 결과 포식자를 피해 도망가는 데 방해가 될 뿐이다. 그리고 많은 성적 신호들이, 예를 들어 바우어새(bowerbird)의 황금빛 볏과 같이 크고 선명하고 눈에 잘 띄는 구조를 가지고 있어 포식자의 주의를 끌기 쉽다. 뿐만 아니라 커다란 꼬리나 볏을 만드는 것은 많은 생합성 에너지를 필요로 하는, 비용이 많이 드는 일이다. 그 결과, 자하비의 주장에 따르면, 그처럼 많은 비용이 드는 핸디캡을 가지고도 살아남았다는 것은 사실상 다른 면에서는 엄청나게 우수한 유전자를 지니고 있다고 암컷에게 광고하는 것과 마찬가지라는 것이다. 따라서 암컷은 그와 같은 핸디캡을 가지고 있는 수컷을 보면 커다란 꼬리의 유전자를 가지고 있을 뿐, 다른 면에서는 모두 열등한 수컷에게 속는 것이 아니라고 확신할 수 있게 된다. 그 수컷이 진정 훌륭한 유전자를 가지고 있지 않다면 그러한 구조를 만들 수도 없거니와 아예 살아남지도 못했을 테니까.

우리는 인간의 행동 가운데 자하비의 핸디캡 이론에 들어맞는 많은 예들을 금방 생각해 낼 수 있다. 마음에 드는 여자에게 나는 엄청난 부자이고 나와 결혼하면 봉 잡는 것이니 일단 넌 나와 같이 자야 한다고 말하는 것은 어떤 남자든 할 수 있다. 그렇지만 그 말은 거짓말일 수도 있다. 남자가 쓸모없고 값만 비싼 보석이나 스포츠카와 같은 물건에 돈을 마구 쓰는 것을 눈으로 보아야 비로소 여자는 그 남자가 능력 있는 남자임을 믿게 될 것이다. 또 다른 예를 들자면 대학생 중에서 시험 전날 밤 파티를 여는 부류가 있다. 그들은 사실 이렇게 말하는 것이다. "바보 천치도 죽어라 공부하면 A를 받을 수 있다. 하지만 나는 엄청나게 똑똑하기 때문에 공부 따위 안 해도 A를 받을 수 있다."

성적 신호에 대한 마지막 이론은 미국의 동물학자인 애스트리드 코드릭브라운(Astrid Kodric-Brown)과 제임스 브라운(James Brown)의 "광고 속의 진실(truth in advertising)" 이론이다. 그들은 유지하는 데 비용이 많이 드는 신체 구조가 훌륭한 자질을 나타내는 정직한 광고라는 점 ── 왜냐하면 열등한 동물은 그와 같은 비용을 감당할 수 없으니까——을 강조하는 데 있어서는 자하비와 의견을 함께하고 피셔에 반대한다. 그러나 비용이 많이 드는 구조를 핸디캡으로 본 자하비와 달리 브라운들은 그러한 구조가 생존에 유리하거나 아니면 생존에 유리한 특성과 밀접하게 관련되어 있다고 생각했다. 따라서 이 고비용적 구조는 이중으로 정직한 광고이다. 오직 우월한 동물만이 그 비용을 감당할 수 있으며, 이 구조는 동물을 다시 한번 우월하게 만들어 준다!

예를 들어서 수사슴의 뿔은 엄청난 양의 칼슘, 인, 열량을 투자한 결과물이다. 그런데 수사슴은 해마다 이 뿔을 갈아 치운다. 가장 영양 상태가 좋은 수컷, 즉 성숙하고, 사회적으로 지배적 위치에 있으며, 기생충이 없는 수컷만이 그러한 투자를 할 여유가 있다. 따라서 암사슴은 수컷의 뿔을 수컷의 자질을 정직하게 드러내는 광고로 간주할 수 있다. 마치 남자 친구가 포르셰 스포츠카를 해마다 갈아 치우는 것을 보는 여자라면 자신이 부자라는 남자 친구의 말을 믿게 되는 것과 마찬가지이다. 그러나 수사슴의 뿔은 포르셰와 달리 또 다른 메시지를 전하고 있다. 포르셰는 더욱 많은 부를 창조해 내지 못하지만 커다란 뿔은 경쟁자 수컷을 물리치고 포식자들과 싸워 이김으로써 가장 좋은 목초지를 차지할 수 있게 해 준다.

그러면 이번에는 동물의 신호의 진화를 설명하기 위해 고안된 이 세 가지 이론 중 하나가 인간 신체의 특징 역시 설명해 줄 수 있는지 검토해 보자. 그러나 일단 우리는 우리의 신체 가운데 그러한 설명이 필요한 특징이 있는지부터 검토해 보아야 할 것이다. 대부분 사람들의 첫 번째 반응은 오직 멍청한 동물들이나 서로의 나이, 지위, 성별, 유전적 자질을 알아보고 잠재적 배우자를 평가하는 데 붉은 점이라든지 검정 줄이라든지 하는 유전적으로 부여된 표식을 필요로 한다는 것이다. 인간은 다른 동물에 비해서 훨씬 커다란 뇌와 훨씬 앞선 추론 능력을 가지고 있다. 뿐만 아니라 인간은 언어를 사용할 수 있기 때문에 다른 어떤 동물들보다 더 상세한 정보를 저장하고 전달할 수 있다. 우리는 일상적으로 다른 사람에게 말을 걸어 대화를 나눔으로써 그의 나이나 지위 등을 정확하게 판단할 수 있는데 도대체 붉은 점이나 검은 줄 따위가 왜 필요하겠느냐 말이다. 어떤 동물이 다른 동물을 척 보고서 그가 27세이며 연봉 12만 5000달러를 받는 미국에서 세 번째로 큰 은행의 차석 부행장보라는 사실을 한눈에 알아볼 수 있을까? 우리가 배우자나 섹스 파트너를 선택할 때 대개 어느 정도의 데이트 기간을 거친다. 그 데이트는 사실 연속으로 치르는 일종의 시험이며 그 시험을 통해서 배우자 후보의 양육 능력, 대인 기술, 유전자의 자질 등을 정확하게 평가하는 것이 아니던가?

대답은 간단하다. 말도 안 되는 소리라는 것이 그 대답이다. 우리 역시 천인조의 꼬리나 바우어새의 볏 못지않게 임의적인 신호에 의존하고 있다. 얼굴, 냄새, 머리털의 색깔, 남성의 콧수염, 여성의 가슴 등이 바로 인간의 신호에 포함된다. 성인이 된 후 인생에서 가장 중요한 사람이고, 경제적, 사회적 동반자이며, 내 자식의 공동 양육자인 배우자를 선택하는 우리의 기준이 긴 꼬리보다 덜 우스꽝스러운 것이라고 할 수 있을까? 만일 우리가 결코 속일 수 없는 신호 체계를 가지고 있다면 왜 그토록 많은 사람들이 화장을 하고, 염색을 하고, 유방 확대 수술을 받는 것일까? 현명하고 신중하다고 하는 인간의 선택 과정에 대해 생각해 보자. 우리는 모르는 사람들로 가득 찬 방 안에 들어설 때 우리에게 육체적 매력을 발산하는 사람이 누구이고 그렇지 않은 사람이 누구인지 금방 알 수 있다. 이 재빨리 작용하는 감각은 '섹스어필(sex appeal)'에 기반을 두고 있다. 섹스어필이란 우리가 반응을 하는——대개 무의식적으로——신체적 신호의 총합을 뜻한다. 오늘날 50퍼센트에 이르는 미국의 이혼율은 짝을 선택하고자 하는 우리의 노력 중 절반은 실패로 돌아가고 있다는 사실을 자인하는 꼴이다. 신천옹을 비롯하여 짝을 이루어 살아가는 많은 종의 동물은 그보다 훨씬 낮은 '이혼율'을 보인다. 자, 이래도 과연 인간이 현명하고 동물이 멍청하다고 말할 수 있을까?

사실 다른 동물들과 마찬가지로 인간 역시 연령, 성, 생식 상태, 개인적 특징을 드러내 주는 신체적 신호와 그러한 신호에 대한 프로그램된 반응을 많이 가지고 있다. 음부와 겨드랑이에 털이 돋음으로써 생식 능력이 성숙에 도달했다는 신호를 보낸다. 그리고 남자의 경우 턱수염과 체모가 나고 목소리가 낮아지는 것으로 추가적인 신호를 보낸다. 이 장을 시작하면서 여러분에게 들려주었던 에피소드는 그와 같은 신호에 대한 우리의 반응이 갈매기의 새끼가 부모 새의 부리의 붉은 점에 반응하는 것 못지않게 특이하고 극적일 수 있다는 것을 보여 준다. 한편 여성의 경우 생식 능력의 성숙을 나타내는 추가적인 신호로서 가슴이 커진다. 인생의 후반에 접어들어 생기는 흰 머리카락은 생식 능력이 감소되고 (전통 사회의 경우) 지혜로운 원로의 위치에 도달했음을 알리는 신호이다. 우리는 (적절한 곳에 적절한 정도로 붙어 있는) 몸의 근육을 남성적인 신체 조건의 신호로 받아들인다. 우리가 배우자나 섹스 파트너를 선택하는 데 기준으로 삼는 신체적 신호에는 생식 능력의 성숙과 육체적 상태를 알려주는 모든 신호가 포함된다. 그리고 어느 한 성이 가지고 있고 다른 성이 선호하는 신호는 인구 집단에 따라 차이를 보인다. 예를 들어서 세계 각 지역의 남자들은 턱수염이나 체모의 풍부한 정도에 있어서 차이를 보이고 여성들은 유방과 유두의 크기와 모양, 유두의 색깔 등에서 차이를 보인다. 이 모든 신체 구조들은 인간에게 있어서 새들의 붉은 점이나 검정 줄무늬와 비슷한 신호 역할을 한다. 뿐만 아니라 나는 이 장의 마지막에서 여성의 가슴이 생리적 기능과 신호 기능을 동시에 수행하듯 남성의 음경(penise) 역시 그와 같은 이중의 기능을 수행하는지 논의할 것이다.

동물의 신호를 이해하고자 하는 과학자들은 동물 신체를 물리적으로 변화시켜서—예컨대 천인조의 꼬리를 자른다든지 재갈매기 부리의 붉은 점 위에 다른 색을 칠한다든지—실험을 수행할 수 있다. 그러나 법적, 도덕적, 윤리적 장애 때문에 인간을 대상으로 그와 같은 실험을 수행하는 것은 불가능하다. 뿐만 아니라 객관적인 시각을 흐리는 구름과도 같은 우리의 강력한 감정, 우리 자신의 선호도 및 자기 신체를 변형시키는 행위에 대한 문화적 ·

개인적 차이 등도 우리가 인간의 신호를 이해하는 데 걸림돌이 되고 있다. 그러나 그와 같은 차이나 신체의 변화는 자연적 실험과 같은 역할을 해서 우리가 이 문제에 접근하는 데 도움을 줄 수 있다. 물론 제대로 통제된 실험은 아니지만 말이다. 내가 보기에 적어도 세 가지 범주의 인간 신호가 코드릭브라운과 브라운의 '광고 속의 진실' 이론을 따르는 것으로 보인다. 남성의 근육, 여성의 지방, 그리고 남성과 여성 얼굴의 아름다움이 그 세 가지이다.

남성의 근육은 여성뿐만 아니라 같은 남성에게도 깊은 인상을 준다. 전문적인 보디빌더의 극단적으로 발달한 근육을 보고는 징그럽다고 말하는 사람들도 있지만 많은 (아마도 대부분의) 여성들이 앙상하게 마른 남자보다는 적당한 비율로 근육이 잘 발달된 남자를 더 매력적이라고 느낀다. 남자들 역시 다른 남자들의 근육 발달 정도를 일종의 신호로 여긴다. 예를 들어서 마주한 상대편 남자가 한번 붙어 볼 만한 상대인지, 꼬리를 내리고 도망치는 편이 나을지 재빨리 가늠하는 척도인 것이다. 나와 아내가 다니는 체육관에 근육이 아주 멋진 앤디라는 이름의 코치가 있다. 앤디가 역기를 들어 올릴 때마다 체육관 안의 모든 여자들과 남자들의 시선이 그의 근육에 꽂힌다. 앤디가 고객 중 한 사람에게 운동 기구를 사용하는 방법을 가르쳐 줄 때면 그는 먼저 자신이 그 기구 위에서 운동을 하면서 고객에게 자신이 사용하는 부위의 근육을 직접 손으로 만져 보게 한다. 그렇게 함으로써 고객이 정확한 동작을 이해할 수 있도록 하는 것이다. 이것은 분명 교육학적으로 유용한 설명 방법이다. 하지만 나는 한편으로 앤디가 이 방법을 통해서 사람들이 자신의 멋진 근육에 경탄하는 것을 즐긴다고 확신한다.

적어도 기계의 힘보다 근육의 힘에 의존했던 전통 사회에서 근육은 수사슴의 뿔과 마찬가지로 남성의 자질을 나타내는 진실한 신호였다. 한편 근육은 남성으로 하여금 음식과 같은 자원을 그러모으고 집과 같은 자원을 생산해 내며, 경쟁자인 다른 남성을 물리치게 해 주었다. 실제로 전통 사회에서 남성의 삶에서 근육은 고작 싸울 때에나 쓰였던 수사슴의 뿔이 수사슴의 삶에서 맡은 역할보다 훨씬 더 커다란 역할을 수행했다. 다른 우수한 자질을 가진 남성들은 근육을 두껍게 발달시키고 유지하는 데 필요한 단백질을 우선적으로 획득할 수 있었을 것이다. 또한 흰머리는 염색을 해서 감출 수 있지만 두텁게 잘 발달한 근육은 속임수로 만들어 낼 수 없다. 그러므로 남성의 근육은 마치 전적으로 다른 새들에게 깊은 인상을 주기 위해 진화된 신호라고 할 수 있는 바우어새의 황금빛 볏과 같이 단순히 다른 남성이나 여성의 경탄을 자아내기 위해 진화된 것이 아니다. 오히려 근육은 일단 기능을 수행하도록 진화되었고, 그 다음 남성과 여성이 근육을 진실한 신호로 반응하는 것을 배우도록 진화되었다고 할 수 있다.

　아름다운 얼굴은 또 다른 진실한 신호라고 할 수 있다. 비록 근간에 자리 잡은 이유는 근육의 경우와 같이 명확하지는 않지만. 여러분이 한번 곰곰이 생각해 보면 성적·사회적 매력이 얼굴의 아름다움에 그토록 과도하게 의존하고 있다는 사실이 터무니없게 느껴질 것이다. 어쩌면 여러분은 아름다운 용모는 유전자의 우수성, 양육 능력, 먹을 것을 구하는 능력 등과 아무런 관련이 없다고 생각할지도 모른다. 그러나 얼굴은 노화, 질병, 상해에 의한 파괴에 가장 민감한 신체 부위이다. 특히 전통 사회에서 흉터가 있거나 일그러진 얼굴을 가진 사람은 신체를 훼손시키는 감염성 질병에 잘 걸리거나, 제 자신을 제대로 돌볼 줄 모른다거나, 몸에 기생충이 있다고 스스로 광고를 하는 것이나 마찬가지였다. 따라서 아름다운 얼굴은 좋은 건강 상태를 나타내는 진실한 신호였다. 적어도 20세기에 이르러 성형외과 의사들이 주름 제거술을 발명해 내기 전까지는.

진실한 광고의 마지막 후보는 여성의 지방이다. 수유 및 양육은 여성의 에너지를 엄청나게 소모시키는 일이며 영양 상태가 좋지 못한 여성은 종종 수유에 실패하게 된다. 유아용 분유가 출현하기 전, 그리고 젖을 생산하는 말굽 달린 동물을 사육하기 전에 어머니의 젖이 나오지 않는 것은 아기에게 치명적인 일이었다. 따라서 여성 신체의 지방은 남성에게 그녀가 아이를 기를 수 있는지를 알려주는 진실한 신호였다. 남자들은 자연스럽게 적당한 지방을 몸에 지닌 여성을 선호했다. 지방이 너무 적은 것은 수유 실패의 전조일 수 있고, 반면 지방이 지나치게 많은 경우 걷기도 불편하고, 먹을 것을 구하는 채집 활동에도 불리하며, 당뇨병으로 일찍 죽을 가능성이 높다.

지방이 온 몸에 균일하게 퍼져 있다면 쉽게 눈으로 식별하기 어렵기 때문에 여성의 신체는 지방을 눈에 잘 보이고 가늠하기 쉬운 부위에 집중시키도록 진화된 것 같다. 지방이 축적된 부위는 인구 집단에 따라 다소 차이를 보이기도 한다. 모든 여성들은 가슴과 엉덩이에 지방을 축적시키는 경향이 있지만 그 정도는 지역에 따라 차이를 보인다. 남아프리카의 원주민인 산 족(이른바 부시먼)의 여성과 벵갈 만 안다만(Andaman) 섬의 여성들은 엉덩이 뒷부분에 지방을 축적시키는 경향이 있다. 이를 지둔(脂臀, steatopygia)이라고 한다. 전 세계에 걸쳐서 모든 남자들은 여성의 가슴, 엉덩이의 옆부분과 뒷부분에 관심을 갖는다. 그 결과 오늘날 유방 확대 수술이 탄생하게 되었다. 물론 남자들 가운데 다른 남자들보다 여성의 영양 상태에 관심을 덜 갖는 사람도 있는 것이 사실이다. 그리고 패션모델의 경우를 보아도 시대에 따라 빼빼 마른 모델이 인기가 있는가 하면 또 통통한 모델이 유행하는 등 부침을 거듭해 왔다. 그러나 남자들의 관심의 전반적인 경향은 확실하다.

여러분이 신 또는 다윈이 되었다고 가정하고 여성의 몸에 지방을 눈에 잘 보이는 신호로서 축적하려고 할 때 어느 곳에 지방을 집중시키는 것이 좋을지 생각해 보자. 팔이나 다리에 지방이 붙을 경우 보행이나 팔의 사용이 어려워질 테니까 팔과 다리는 제외되어야 할 것이다. 그렇다고 하더라도 보행이나 몸의 움직임에 지장을 주지 않으면서 지방을 축적할 만한 부위가 몸통 부위에 많이 있다. 그런데 조금 전에 언급한 것과 같이 다양한 인구 집단의 여성들은 몸통의 세 가지 구분되는 부위에 지방을 축적시켜 신호 부위로 삼는다. 그러나 우리는 여기에서 짚고 넘어갈 것이 있다. 진화 과정에서 선택된 이러한 신호 부위는 전적으로 임의적인 것일까?

그리고 왜 어떤 인구 집단에서도 여성들은 다른 부위, 이를테면 배 같은 중간 부위 등을 신호 부위로 삼지 않는 것일까? 만약 배에 양쪽으로 한 쌍의 지방 봉우리를 형성한다고 해도 가슴 양쪽이나 엉덩이 양쪽에 지방이 축적된 지금보다 특별히 움직임에 더 어려움을 주지는 않을 것으로 생각된다. 그런데 모든 인구 집단에서 여성들이 가슴에 지방을 축적하도록 진화되었다는 사실은 자못 흥미롭다. 남자들은 여성의 가슴에 축적된 지방을 보고 여자가 젖을 잘 분비할지를 판단하는 경향이 있다. 따라서 일부 과학자들은 풍만한 유방은 영양 상태가 전반적으로 우수하다는 사실을 알려주는 정직한 신호일 뿐만 아니라 뛰어난 젖 생산 능력을 가지고 있다고 말하는 거짓 신호이기도 하다고 주장했다.(거짓 신호인 이유는 젖은 실제로 유선 조직에서 나오는 것이지 유방을 풍만하게 하는 지방 조직에서 나오는 것이 아니기 때문이다.) 이와 마찬가지로 여성의 엉덩이에 축적된 지방은 좋은 건강 상태를 보여 주는 정직한 신호일 뿐만 아니라 산도(産道, birth canal)가 넓을 것이라고 생각하게 만드는 거짓 신호이기도 하다.(정말 산도가 넓은 것은 신생아의 출생 시 외상(birth trauma)의 위험을 최소화하겠지만 단순히 엉덩이에 지방이 많이 붙은 것은 아무런 관련이 없다는 점에서 거짓이다.)

　　이 시점에서 나는 여성의 성적 장식물이 진화적으로 중요한 것이라는 나의 주장에 대하여 반론이 나올 것이라고 예상한다. 해석이 어떠하든 간에 여성의 몸이 성적 신호로 기능하는 구조를 지니고 있으며, 남성은 여성의 몸의 그 특정 부위에 특별히 관심을 갖는 경향이 있다는 것은 당연한 사실이다. 그러한 측면에서 볼 때 인간의 여성은 많은 수의 성숙한 수컷과 암컷을 포함하는 집단을 이루어 함께 살아가는 영장류 종과 비슷하다. 인간과 마찬가지로 침팬지와 비비와 짧은꼬리원숭이 등은 무리를 이루어 생활하고 암컷들은 (수컷과 마찬가지로) 신체에 성적 장식물을 지니고 있다. 반면 긴팔원숭이를 비롯하여 암수 한 쌍이 다른 개체들과 떨어져 따로 살아가는 습성을 지닌 영장류의 암컷은 대개 성적 장식물을 가지고 있지 않다. 이러한 상관 관계는 암컷이 수컷의 주의를 끌기 위해 다른 암컷들과 경쟁하게 될 때에, 또 오직 그러한 경우——예를 들어 다수의 수컷과 암컷들이 같은 무리 속에서 매일 마주치는 상황——에만 암컷들은 끊임없이 진행되는 진화의 경쟁 속에서 조금이라도 더 매력적으로 보이기 위해 성적 장식물을 갖게 되는 경향이 있다. 그와 같이 늘 경쟁해야 할 필요가 없는 암컷은 값비싼 신체 장식물을 만들어 낼 필요가 별로 없다.

(인간을 포함한) 대부분의 동물 종에서 수컷의 성적 장식물의 진화론적 중요성에 대해서는 거의 이견이 없다. 수컷들이 암컷을 놓고 서로 경쟁하는 것은 확실하니까 말이다. 그러나 여성이 남성을 놓고 서로 경쟁을 벌이며 그 결과로 신체적 장식물을 진화시켜 왔다는 해석에 대해서는 크게 세 가지 반론이 제기되어 왔다. 첫째, 전통 사회에서는 대략 95퍼센트의 여성이 결혼을 했다. 이러한 통계 수치는 어떤 여자든 남편을 얻을 수 있으며 따라서 여자들은 결혼하기 위해서 경쟁할 필요가 없다는 결론을 도출하는 듯 보인다. 내가 아는 여성 생물학자는 그 사실을 "짚신도 짝이 있듯 대개 아무리 못생긴 남자도 그에 맞는 못생긴 여자를 찾을 수 있다."라고 표현했다.

그러나 의식적으로 제 몸을 치장하고 외과적 방법으로 신체를 변형시키는 여성들의 노력은 이러한 해석이 옳지 않음을 입증하는 셈이다. 실제로 모든 남자들은 유전자의 품질이나, 손아귀에 넣고 있는 자원이나, 자식을 양육하는 부모로서의 자질이나, 부인에 대한 헌신 등에 있어서 서로 큰 차이를 보인다. 비록 어떤 여성이든 결혼할 남자는 구할 수 있겠지만 얼마 되지 않는 선망의 대상인 남자와 결혼하는 데 성공하는 여성은 소수에 지나지 않는다. 따라서 그와 같은 적은 수의 남자를 놓고 여자들이 치열한 경쟁을 벌이는 것이다. 이것은 여자라면 누구나 알고 있는 사실이다. 비록 남성 과학자들 가운데 일부는 잘 모르는 것처럼 보이지만.

두 번째 반론은 전통 사회에서 남자들은 여성의 성적 장식물을 기초로 하든, 그밖에 다른 자질을 기초로 하든, 아예 자신의 배우자를 고를 기회를 갖지 못했다는 것이다. 전통 사회에서 결혼은 가족이나 친척들에 의해 결정되었으며 그들은 종종 결혼을 정치적 제휴를 굳건히 하는 수단으로 이용했다. 그러나 실제로 내가 연구했던 뉴기니의 부족 사회와 같은 전통 사회에서 신부값은 여성의 자질에 따라 큰 차이를 보였다. 여성의 자질을 따지는 기준 가운데에서 건강과 아이를 잘 낳고 길러 낼 만한 조건이 커다란 중요성을 차지했다. 다시 말해서 비록 신부 후보의 성적 매력에 대한 신랑의 견해는 무시되었지만 실제로 신부를 선택하는 신랑의 친척의 견해는 무시되지 않았던 것이다. 뿐만 아니라 남자들은 혼외 정사의 상대를 고를 경우에는 확실히 여성의 성적 매력을 고려했다. 그리고 (남자들이 아내를 고르는 데 있어 자신의 성적 취향을 따를 수 없었던) 전통 사회에서는 현대 사회보다 혼외 정사를 통해 출산된 아기의 비율이 훨씬 높았다는 점을 고려해야 한다. 뿐만 아니라 이혼이나 첫 번째 배우자와의 사별을 겪은 후 재혼을 하는 일은 전통 사회에서 매우 흔히 일어났다. 그리고 그러한 사회의 남자들은 두 번째 배우자를 고르는 데 있어서는 훨씬 자유로운 입장이었다.

마지막 반론은 문화의 영향을 받는 미(美)의 기준은 시대에 따라 변천하며 같은 사회에 속한 남자들의 성적 취향 역시 개인차를 보인다는 것이다. 올해에는 마른 여자가 인기가 없지만 내년에는 빼빼 마른 몸매가 유행할지도 모른다. 어떤 남자는 항상 마른 여자만 좋아하기도 한다. 그러나 이러한 사실은 결론을 조금 복잡하게 만드는 소음일 뿐, 결론 자체를 무효화할 만큼 커다란 영향을 주지는 못한다. 그 결론이란 때와 장소를 막론하고 평균적인 남자들은 영양 상태가 좋고 아름다운 얼굴을 가진 여성을 선호한다는 것이다.

우리는 인간의 성적 신호 가운데 몇몇 범주——남성의 근육, 얼굴의 아름다움, 특정 부위에 집중된 여성의 체지방——가 '광고 속의 진실' 모델에 맞아떨어진다는 사실을 확인했다. 그러나 동물의 신호에 대해서 논의하는 과정에서 내가 언급했던 것과 같이 신호에 따라서 각기 다른 모델을 따를 수도 있다. 그것은 인간의 경우에도 마찬가지이다. 예를 들자면 남성과 여성 모두에게서 사춘기 무렵에 나타나는 겨드랑이와 성기 주변의 털은 성적 성숙에 도달했음을 알려주는 신뢰할 만한 신호이면서 동시에 완전히 자의적인 신호이다. 겨드랑이와 성기 주변에 난 털은 근육이나, 아름다운 얼굴이나, 체지방과 달리 이면의 깊은 의미를 전달하지 않는다. 그와 같은 부위에 털이 나는 데에는 그다지 많은 비용이 필요하지 않으며, 그 털은 생존이나 자녀 양육에 전혀 기여하지도 않는다. 영양 상태가 불량할 경우 몸이 마르고 얼굴도 흉해질 수 있지만 음모가 빠지는 경우는 거의 없다. 약하고 추한 남자나 삐삐 마르고 못생긴 여자조차도 풍부한 겨드랑이 털을 가질 수 있다. 남자의 경우 턱수염이 나고, 몸에 털이 나고, 목소리가 낮아지는 것은 사춘기에 이른 신호이고, 남자와 여자 모두에게 있어서 머리카락이 희어지는 것은 노화의 신호이지만 이러한 신호들 역시 현상 이면에 한층 더 깊은 의미가 있다고 보기 어렵다. 재갈매기의 부리에 있는 붉은 점이라든지 그밖에 많은 다른 동물들의 신호와 마찬가지로 인간의 이러한 신호들은 생성하는 데 그다지 비용이 들지 않고 전적으로 자의적이다. 꼭 그것이 아닌 다른 방식의 신호라고 할지라도 충분히 기능을 수행했으리라고 볼 수 있다.

그렇다면 인간의 신호 가운데에서 피셔의 이탈 선택 모델이

나 자하비의 핸디캡 이론을 따르는 사례를 찾아볼 수 없을까? 언뜻 보기에 우리 인간에게는 40센티미터에 달하는 천인조의 꼬리와 같이 과장된 신호 구조물이 없는 것처럼 보인다. 그러나 곰곰이 생각해 보았을 때 나는 우리 역시 그와 같은 구조를 하나 가지고 있다는 생각에 이르렀다. 그것은 다름 아닌 남성의 음경이다. 어쩌면 남성의 음경은 신호 기능을 가지고 있지 않으며 잘 설계된 생식 기구일 뿐이라고 반박할 사람이 있을지도 모른다. 그러나 그것은 나의 추측에 심각한 걸림돌을 가져오는 반론은 아니다. 우리는 이미 여성의 유방이 신호 기능과 생식 기구로서의 기능을 동시에 수행하는 예를 살펴보았다. 우리의 친족인 유인원과 비교해 볼 때 인간 남성의 음경이 필요한 기능을 수행하는 것 이상으로 큰 것을 알 수 있고 그 과장된 크기는 신호 기능을 수행했으리라고 생각할 수 있다. 발기한 음경의 길이는 고릴라의 경우 고작 3센티미터, 오랑우탄의 경우 4센티미터인 데 비하여 인간 남성의 경우 자그마치 13센티미터나 된다. 고릴라나 오랑우탄의 수컷이 인간 남성보다 훨씬 큰 체격을 가지고 있는 데도 말이다.

그렇다면 그 과도한 몇 센티미터는 과연 기능적으로 불필요한 사치품에 지나지 않는 것일까? 어떤 사람은 거대한 음경이 다른 포유동물에 비해서 훨씬 다양한, 인간의 성교 체위를 소화해 내는 데 도움을 줄 것이라고 말할지도 모른다. 그러나 고작 4센티미터의 음경을 가진 수컷 오랑우탄은 교미를 할 때 인간 못지않게 다양한 체위를 구사할 뿐만 아니라 그 다양한 체위를 나무에 매달려서 소화해 낸다는 것을 알아두어야 할 것이다. 커다란 음경이 교접 시간을 길게 유지해 줄지도 모른다는 가능성이 제기되기도 했다. 그러나 그 점에 대해서도 역시 오랑우탄이 우리를 앞서고 있다.(미국 남성 평균이 4분인 데 비해서 오랑우탄의 교접은 약 15분간 계속된다.)

남자들이 진화의 산물인 자신의 음경 크기에 만족하지 않고 자신의 음경을 새로 설계할 수 있게 되었을 때 과연 어떤 음경을 만들어 낼지를 관찰해 본다면 남성의 음경이 일종의 신호 기관으로 작용한다는 사실을 쉽게 깨달을 수 있을 것이다. 뉴기니 고원에 사는 남자들은 팔로카프(phallocarp)라고 부르는, 칼집과 비슷하게 생긴 장식 덮개로 음경을 감싸고 다닌다. 이 덮개는 길이가 60센티미터, 지름 10센티미터에 이르며 많은 경우 빨강이나 노랑과 같이 야한 색을 띠고 있고 그 끝은 모피나 나뭇잎, 끝이 갈라진 장식물 등으로 꾸며져 있다. 작년에 내가 스타 산(Star Mountain)의 케텡반 족(Ketengban)에 속하는, 팔로카프를 착용한 남성을 처음 마주하기 전에도 팔로카프에 대한 이야기는 많이 들어 왔으며 과연 사람들이 이것을 어떻게 사용하는지 보고, 이것에 대해 무어라 설명하는지 듣고 싶었다. 남자들은 팔로카프를 항상 착용하는 것으로 드러났다. 적어도 내가 관찰한 바로는 그렇다. 한 사람이 여러 개의 모델을 가지고 있으며 각 모델은 다양한 크기, 장식, 직립 각도를 가지고 있다. 그리하여 남자들은 매일 아침에 우리가 셔츠를 고르듯 기분에 따라 그 모델 중 하나를 골라 착용하는 것이다. 왜 팔로카프를 착용하느냐고 묻자 그들은 팔로카프를 착용하지 않으면 벌거벗은 느낌이 들고 예의에 벗어난 것처럼 느껴진다고 했다. 그 대답에 나는 놀라지 않을 수 없었다. 케텡반 족 남자들은 팔로카프를 제외하고는 아무것도 몸에 걸치지 않았으며 심지어 고환마저도 드러내고 다녔기 때문이다.

사실상 팔로카프는 남자들이 내심 선망하는, 눈에 잘 띄게 발기한 유사 음경(pseudopenis)이다. 그러나 진화적으로 음경의 길이는 불행히도 여성의 질의 길이에 제한을 받는다. 팔로카프는 그와 같은 제한이 없을 경우 음경이 어떠했으면 좋겠다는 남성들의 내심을 보여 준다. 이것은 천인조의 꼬리보다도 더욱 대담한 신호이다. 팔로카프보다 훨씬 겸손한 모양의 진짜 음경은 유인원 조상들의 기준으로 볼 때에는 도에 지나칠 만큼 커다랗다. 그런데 침팬지의 음경 역시 우리가 추측하는 유인원 조상들의 음경에 비해 훨씬 커져서 인간의 크기에 도전장을 낼 정도이다. 음경의 진화는 분명 피셔가 추측한 이탈 선택 과정을 예시한다. 음경은 오늘날의 고릴라나 오랑우탄과 비슷한 3센티미터의 길이에서 출발한 이탈 과정에 따라 점점 길어지게 되었다. 그 길이가 길어질수록 눈에 잘 띄는 사내다움의 신호라는 이점을 소유자에게 제공하면서 말이다. 그러다가 여성의 질에 잘 맞지 않는다는 어려움이 임박하자 역선택(counterselection)의 상황이 나타나게 되었을 것이다.

　인간의 음경은 또한 자하비의 핸디캡 이론의 예로도 볼 수 있다. 유지하는 데 비용이 많이 들고 소유자에게 손해가 되는 구조라는 점에서 그러하다. 물론 인간의 음경은 공작새의 꼬리보다는 작고 그런 만큼 유지 비용도 덜 들어갈지 모른다. 그러나 만일 동일한 양의 조직이 음경 대신 대뇌 피질에 사용되었다면 어떨까? 아마 그와 같이 재설계된 뇌조직을 가진 사람은 훨씬 큰 이점을 누릴 수 있었을 것이다. 따라서 커다란 음경에 들어간 비용은 잃어버린 기회 비용으로 간주해야 할 것이다. 왜냐하면 사람은 누구나 생합성 에너지가 제한되어 있고 어떤 구조를 만드는 데 에너지를 듬뿍

써 버린다면 잠재적으로 다른 구조에 쓰일 수 있었던 에너지가 희생되기 때문이다. 따라서 사실상 (커다란 음경을 달고 다니는) 남자는 이렇게 말하는 것이나 다름없다. "나는 이미 아주 똑똑하고 우수하기 때문에 여분의 원형질을 뇌에 가져다 쓸 필요가 없다. 뿐만 아니라 나는 그 여분의 원형질을 쓸데없이 이렇게 음경에 달고 다니는 핸디캡을 감수할 능력을 가지고 있다!"

그 다음 논의해야 할 사항은 남성 음경이 전달하는 왕성한 남성성 신호의 수신자가 누구냐 하는 문제이다. 대부분의 남자들이 커다란 음경은 여성들에게 깊은 인상을 심어 주기 위한 것이라고 생각한다. 그러나 사실 여자들은 남성의 다른 특질에 마음이 끌리며 솔직히 음경 자체의 모습은 전혀 매력적이지 않다고 말한다. 오히려 음경과 그 크기에 정말로 매료되는 쪽은 남성이다. 남자들은 공동 샤워실에서 흘끔거리며 서로의 음경 크기를 가늠해 본다.

물론 여자들 가운데에서는 커다란 음경의 모습에 깊은 인상을 받거나 커다란 음경이 여성의 음핵과 질에 주는 자극에 만족감을 느끼는(그럴 가능성이 높다.) 여성이 있을 수도 있다. 그러나 음경의 신호가 어느 한 성만을 향한 것이라고 가정함으로써 우리의 논의를 퇴보시킬 필요는 없다. 동물들을 연구하는 동물학자들은 성적 장식물이 두 가지 기능을 수행하는 예를 빈번하게 발견해 왔다. 즉 이성의 잠재적 배우자를 유혹하는 것이 한 가지 기능이고, 동성의 잠재적 경쟁자에 대한 자신의 지배력을 공고히 하는 것이 또 다른 기능이라는 것이다. 그러한 면에서 볼 때, 또 다른 많은 면에서 볼 때, 우리 인간은 수억 년의 척추동물의 진화가 우리의 성적 습성의 깊은 곳에 아로새겨놓은 유산을 여전히 지니고 있다고 볼 수 있다. 인간의 예술, 언어, 문화 등은 그러한 유산 위에 덮인 얇은 겉치레에 지나지 않는다.

인간 음경의 잠재적 신호 기능이나 (만일 진짜로 신호 기능을 가지고 있다면) 그 신호의 수신자에 대한 문제는 아직 답을 얻지 못했다고 볼 수 있다. 따라서 이것은 이 책의 결말에 잘 어울리는 주제라고 할 수 있다. 왜냐하면 음경과 관련된 이와 같은 문제야말로 이 책을 관통하는 주제, 즉 인간의 성적 습성에 대한 진화론적 접근 방법의 중요성, 매력, 어려움을 잘 보여 주기 때문이다. 음경의 기능은 수력학적 모델을 이용한 운동역학적 실험으로 명확하게 드러날 수 있는 단순한 생리적 문제가 아니다. 지난 700만~900만 년 동안 살았던 우리 조상들의 추정된 음경 크기보다 4배나 더 확대된 인간 음경은 진화론적 문제를 제기하고 있다. 그와 같은 확대는 역사적·기능적 해석을 요구하고 있다. 여성에게 국한된 수유, 여성의 감추어진 배란, 사회에서 남성이 맡은 역할, 폐경 등에서 본 바와 같이 우리는 어떤 자연선택의 힘이 인간의 역사에서 남성의 음경을 확대시키고 그 크기를 유지시켜 왔는지 물어야 한다.

음경의 기능이 이 책을 끝맺는 주제로 매우 적합한 또 다른 이유가 있다. 그것은 이 문제가 언뜻 보기에는 전혀 신비로운 면이 없는 주제로 보인다는 점이다. 음경의 기능이 소변과 정액을 방출하고 성교 시 물리적으로 여성에게 자극을 가하는 것이라는 데에는 모든 사람들이 이의를 제기하지 않을 것이다. 그러나 다른 종의 동물들과 비교해 볼 때 훨씬 작은 음경으로도 그와 같은 기능은 충분히 달성된다는 사실을 알 수 있었다. 또한 그와 같이 과도하게 커진 구조물은 오늘날 과학자들이 알아내기 위해 노력하고 있는 몇 가지 서로 다른 방법을 통해 진화될 수 있다는 사실을 상기시킨다. 따라서 가장 친숙하고 명명백백하게 보이는 인간의 성적 기구 역시 아직까지 풀지 못한 진화론적 의문으로 가득하다는 점에서 우리를 놀라게 한다.

참고 문헌

지금까지의 논의에 커다란 흥미를 느껴 좀 더 상세한 내용을 찾아
보고 싶은 독자들에게 다음 문헌들을 제안한다. 첫 번째 목록은 성
적 습성, 행동, 영장류, 진화론적 추론, 및 관련된 내용을 담은 책
들로 이루어져 있다. 이 가운데 많은 책들이 과학적 훈련을 받지
않은 일반인들이 이해할 수 있도록 씌어져 있다. 이 책들은 대형
도서관에서 구할 수 있고 상당수는 서점에서 판매하고 있다. 두 번
째 목록은 과학자들을 대상으로 씌어진 열두어 편의 과학 논문들
로 내가 논의한 특정 연구들 가운데 일부를 설명하는 문헌들이다.

단행본

Alcock, John. *Animal Behavior: An Evolutionary Approach.* 5th ed. Sunderland, Mass.: Sinauer Associates, 1993.

Austin, C. R., and R. V. Short. *Reproduction in Mammals.* 2d ed., vols. 1-5. Cambridge: Cambridge University Press, 1982~1986.

Chagnon, Napoleon A., and William Irons, eds. *Evolutionary Biology and Human Scituate, Mass.: Duxbury Press,* 1979.

Cronin, Helena. The Ant and the Peacock: *Altruism and Sexual Selection from Darwin to Today.* Cambridge: Cambridge University Press, 1991.

Daly, Martin, and Margo Wilson. *Sex, Evolution, and Behavior.* 2d ed. Boston: Willard Grant Press, 1983.

Darwin, Charles. *The Descent of Man, and Selection in Relation to Sex.* London: Murray, 1871. Paperback reprint, Princeton, N.J.: Princeton University Press, 1981.

Diamond, Jared. *The Third Chimpanzee: The Evolution and Future of the Human Animal.* New York: HarperCollins, 1992.

Fedigan, Linda Marie. *Primate Paradigms: Sex Roles and Social Bonds.* Chicago: University of Chicago Press, 1992.

Goodall, Jane. *The Chimpanzees of Gombe: Patterns of Behavior.* Cambridge, Mass.: Harvard University Press, 1986.

Halliday, Tim. *Sexual Strategy.* Chicago: University of Chicago Press, 1980.

Hrdy, Sarah Blaffer. *The Woman That Never Evolved.* Cambridge, Mass.: Harvard University Press, 1981.

Kano, T. Takayoshi. *The Last Ape: Pygmy Chmpanzee Behavior and Ecology.* Stanford, Calif.: Stanford University Press, 1992.

Kevles, Bettyann. *Females of the Species: Sex and Survival in the Animal Kingdom.* Cambridge, Mass.: Harvard University Press, 1986.

Krebs, J. R., and N. B. Davies. *Behavioural Ecology: An Evolutionary Approach.* 3d ed. Oxford: Blackwell Scientific Publications, 1991.

Ricklefs, Robert E., and Caleb E. Finch. *Aging: A Natural History.* New York: Scientific American Library, 1995.

Rose, Michael R. *Evolutionary Biology of Aging.* New York: Oxford University Press, 1991.

Small, Meredith F. *Female Choices: Sexual Behavior of Famale Primates.* Ithaca, N.Y.: Cornell University Press, 1993.

Smuts, Barbara B., Dorothy L. Cheney, Robert M. Seyfarth, Richard W. Wrangham, and Thomas T. Struhsaker, eds. *Primate Societies.* Chicago: University of Chicago Press, 1986.

Symons, Donald. *The Evolution of Human Sexuality.* New York: Oxford University Press, 1979.

Wilson, Edward O. *Sociobiology: The New Synthesis.* Cambridge, Mass.: Harvard University Press, 1975.

과학 논문

Alexander, Richard D. 'How Did Humans Evolve?' Special publication no. 1. University of Michigan Museum of Zoology, Ann Arbor, 1990.

Emlen, Stephen T., Natalie J. Demong, and Douglas J. Emlen. 'Experimental Induction of Infanticide in Female Wattled Jacanas.' *Auk* 106 (1989): 1~7.

Francis, Charles M., Edythe L. P. Anthony, Jennifer A. Brunton, and Thomas H. Kunz. 'Lactation in Male Fruit Bats.' *Nature* 367 (1994): 691~692.

Gjershaug, Jan Ove, Torbjörn Järvi, and Eivin Røskaft. 'Marriage Entrapment by "Solitary" Mothers: A Study on Male Deception by Female Pied Flycatchers.' *American Naturalish* 133 (1989): 273~276.

Greenblatt, Robert B. 'Inappropriate Lactation in Men and Women.' *Medical Aspects of Human Sexuality* 6, no. 6 (1972): 25~33.

Hawkes, Kristen. 'Why Do Men Hunt? Benefits for Risky Choices.' In *Risk and Uncertainty in Tribal and Peasant Economies,* edited by Elizabeth Cashdan (145~66). Boulder, Colo.: Westview Press, 1990.

Hawkes, Kristen, James F. O'Connell, and Nicholas G. Blurton Jones. 'Hardworking Hadza Grandmothers.' In *Comparative Socioecology: The Behavioral Ecology of Humans and Other Mammals,* edited by V. Standen and R. A. Foley (341~66). Oxford: Blackwell Scientific Publications, 1989.

Hill, Kim, and A. Magdalena Hurtado. 'The Evolution of Premature Reproductive Senescence and Menopause in Human Females: An Evaluation of the "Grandmother Hypothesis." ' *Human Nature* 2 (1991): 313~350.

Kodric-Brown, Astrid, and James H. Brown. 'Truth in Advertisting: The Kinds of Traits Favored by Sexual Selection.' *American Naturalist* 124 (1984): 309~323.

Oring, Lewis W., David B. Lank, and Stephen J. Maxson. 'Population Studies of the Polyandrous Spotted Sandpiper.' *Auk* 100 (1983): 272~286.

Sillén-Tulberg, Birgitta, and Anders P. Møller. 'The Relationship Between Concealed Ovulation and Mating Systems in Anthropoid Primates: A Phylogenetic Analsis.' *American Naturalist* 141 (1993): 1~25.

옮긴이 임지원

서울 대학교에서 식품 영양학을 전공하고 동 대학원을 졸업했다. 전문 번역가로
활동하며 다양한 인문 과학서를 번역했다. 옮긴 책으로는 『개미언덕』, 『진화란
무엇인가』, 『보살핌』, 『슬로우데스』, 『루시퍼 이펙트』, 『급진적 진화』,
『스피노자의 뇌』, 『에덴의 용』, 『섹스의 진화』, 『사랑의 발견』, 『세계를 바꾼 지도』,
『꿈』, 『빵의 역사』(공역) 등이 있다.

사이언스 마스터스 01

섹스의 진화 | 제러드 다이아몬드가 들려주는 성(性)의 비밀

1판 1쇄 펴냄 2005년 6월 30일
1판 20쇄 펴냄 2024년 8월 31일

지은이 제러드 다이아몬드
옮긴이 임지원
펴낸이 박상준
펴낸곳 (주)사이언스북스

출판등록 1997. 3. 24(제16-1444호)
주소 (06027) 서울특별시 강남구 도산대로1길 62
대표전화 515-2000 팩시밀리 515-2007
편집부 517-4263 팩시밀리 514-2329
www.sciencebooks.co.kr

한국어판 ⓒ (주)사이언스북스, 2006. Printed in Seoul, Korea.

ISBN 978-89-8371-940-9 (세트)
ISBN 978-89-8371-941-6 04400